NF文庫
ノンフィクション

ナポレオンの軍隊

近代戦術の視点からさぐるその精強さの秘密

木元寛明

潮書房光人新社

まえがき

ナポレオンという名前は多くの人に知られているが、軍神あるいは軍事の天才ナポレオンに焦点を当てるとその数はかなり制限される。ましてやナポレオンが軍事の世界に画期をもたらせたとなるとどうであろうか？

ナポレオンが欧州最強の大陸軍《だいりくぐん》（グランド・アルメ）を創設し、欧州全域に覇をとなえたのはわずか一〇年あまりだ。全欧州が席巻されたのは、大陸軍の組織、戦い方がこれまでの軍事常識と大きくかけはなれており、欧州各国の将帥は完全に奇襲されてナポレオンの軍隊に対抗できなかったからだ。とはいえ、奇襲の効果は時間の経過とともに失われる。

ナポレオンの軍隊が欧州に君臨した短い期間に、近代戦術の基礎・原点となるいくつかのことが起きている。本稿執筆の主旨は、ナポレオンの軍隊が精強であったその秘密を、作戦・戦術レベルで具体的にさぐってみようということ。

筆者は、ここ数年来、戦術にかんする本を何冊か書いた。筆者と戦術のかかわりは半世紀以上におよぶが、戦術は単純なようでじつは奥が深く、現在なお「守・破・離」の離にははるかにおよばない段階、と自覚している次第です。

筆者は陸上自衛隊の教範『野外令』で戦術の基礎を学んだが、『野外令』の原点は米陸軍のフィールド・マニュアル『オペレーションズ』、さらに源流にまでさかのぼるとアントワーヌ・アンリ・ジョミニの『戦争術概論（英訳：The Art of War)』にたどりつく。

ジョミニの『戦争術概論』はナポレオン没後一七年の一八三八年にフランスで上梓《じょうし》され、一八六二年に英訳してアメリカで出版された。当時のアメリカは南北戦争のさなかで、南・北両軍の将校たちは塹壕《ざんごう》の中で『The Art of War』を読み、その知識を戦闘に適用した。ジョミニの著書はやがて『オペレーションズ』へと進化する。

ジョミニの『戦争術概論』とは何かといえば、ナポレオンの戦略・戦術の解説書であり、ナポレオン戦争の総合評価でもあり、一九世紀中期ころのヨーロッパ各国軍の標準的戦術思想といっても過言ではない。ジョミニ自身がナポレオンの帷幕《いばく》に参加しており、ナポレオンの戦い方を参謀としてつぶさに観察している。

温故知新という言葉があるように、現代の戦術（近代戦術）を深く学ぼうとすれば、ナポレオンの戦い方を知ることが不可欠である。では、ナポレオンの戦い方――作戦・戦闘レベルの具体的な方策――を学ぶことができる書物、とくに日本語で読める本にこだわると、ざんねんながらごく少数に限定されるといわざるを得ない。

目を海外に転じると、ナポレオン本はまさに無限といってよいほど存在し、一説によると世界中で六〇万点以上出版されているようだ。英和辞典を手にする労さえいとわなければ、ナポレオンの戦い方や戦術を詳細に分析した本も多数あり、一学徒として勉強することに支障はない。このような背景のなかで、筆者は、自分が読みたかったナポレオン戦術にかんする本を、だれでも読めるような形で書いてみたい、と浅学非才をかえりみず思い立った次第。では、何を書けば、近代戦術の原点といわれるナポレオン戦術の神髄にふれることができるのか？

ナポレオンの戦術革命はつぎのように要約できる。

一、自律的に行動する散兵《さんぺい》を採用し、横隊ではなく攻撃縦隊を使用したこと。（第一章）

二、各個バラバラだった大砲の制式を標準化・軽量化し、契約市民だった大砲操作員を正規のエリート砲兵へと転化し、野砲を戦場で機動的に運用したこと。（第二章）

三、重騎兵、竜騎兵、軽騎兵をその特性に応じて運用したこと。（第三章）

四、独立的に行動できる師団（division）および複数師団から成る軍団（corps）を編成して、作戦（operation）という概念を発明したこと。（第四章）

五、輜重《しちょう》部隊（輸送大隊）を編成し、補給縦隊で補給をこころみたこと。（第五章）

六、ナポレオン式指揮統率の明暗について。（第六章）
七、ナポレオンのアキレス腱《けん》となったパルチザンについて。（第七章）

ナポレオン独自の戦術革命といえるのは「作戦という概念の発明」だけで、あとは既存のシステムや方式を改善して戦闘の場面に適用したものだ。であるが、このことはナポレオンの戦術革命をおとしめるものではない。相手側に先行して、既存のシステムや方式にひそんでいる玉《ぎょく》を見出し、実用的なものに改善し、それを戦場で大胆に応用したことはナポレオンの天稟《てんぴん》であり、ナポレオンの軍隊を精強なからしめた根源的な要因である。

ナポレオン生誕二五〇年（二〇一九）という節目の年にこのような本を執筆できたのも何かの縁であり、読者諸兄姉のナポレオン理解の一滴となれば、筆者としては望外のよろこびである。くり返しになるが、ナポレオンの軍隊が精強だったその秘密を作戦・戦術レベルで具体的にさぐってみよう、というのが本書執筆のねらいである。

ナポレオンの軍隊——目次

第一章　散兵と突撃縦隊

第二章　野砲の機動的運用

第六章 将帥ナポレオン

第七章 パルチザン

ナポレオンの軍隊

——近代戦術の視点からさぐるその精強さの秘密

第一章　散兵と突撃縦隊

歩くマスケット銃との戦い

まず、散兵（skirmisher）のイメージをかんたんに描写しておこう。

目の前に展開している敵は「歩くマスケット銃」のロボット軍隊だった。横隊の密集隊形を組んだ敵は、ドラムの音に合わせて歩一歩とこちらに向かい、それはあたかも津波がおしよせるような圧倒的な威圧感がある。

新生フランス軍の義勇兵は、敵の「歩くマスケット銃」よりは高い知性を備えた兵士たちだった。愛国心という熱狂に駆られる兵士もいたが、多くはなぜ自分たちが戦うのかという問題に対して、侵攻する敵から祖国を守るという彼らなりの信念をもっていた。だが、訓練をじゅうぶんにうけているとはいえない。

「志願する者は、前へ！」

と歴戦の中隊長が大声をあげていきなり戦列から敵方へ駆け出すと、

「おうっ！」

と声をあげてベテラン古参兵がバラバラッと飛び出す。前方に散開した兵士たちは、地形やボサなどの植生を利用して各個に射撃をはじめる。

射撃が効果的であれば、さらに多くの兵士が前方へ飛び出す。このような戦い方は、これまでの戦場のルールにはなかった。想定外の行動に直面した敵「歩くマスケット銃」は、動揺して隊形や歩調がみだれる。

訓練未熟の兵士を多数かかえている革命フランス軍主力部隊が前進か停止かを決めかねている間に、ひとにぎりの勇敢な兵士たちが前方へ散開してうすい掩護幕（スクリーン）を構成し、射撃を開始して敵を動揺させると、戦場経験がほとんどない義勇兵たちも落ち着きをとりもどし、フランス軍指揮官は、主力部隊に前進を命じた。

一七八九年のフランス革命は戦争をヨーロッパ大陸全域に拡大させた。フランスの挑戦的な対外政策におそれをいだいたヨーロッパの皇帝たちは、同盟をむすんでフランスに対抗した。一七九二年、この非常事態に際してフランス革命政府は、五体健全なフランスの男子すべては軍務に服する義務があると宣言して義勇兵を召集した。

これら大量の義勇兵を戦闘部隊に編入することが現実的な課題だった。一七九三年〜九六年の間、フランス軍歩兵部隊は、正規軍の安定と義勇兵の熱狂の相乗効果を期待して、旧正規軍（アンシャン・レジーム）一個大隊と志願兵二個大隊から成る半旅団――後に連隊と改称される――に再編成された。

新タイプの軍隊には新戦術が不可欠だが、個人主義的傾向がつよい義勇兵に対して、当時の標準だったプロシア軍の線形システムにもとめられるロボットのような安定と正確さを訓練することは無意味であり、その時間の余裕もなかった。

最重要課題は、訓練未熟な部隊を、重大な損害をうけて士気が失われる前に、効果的な攻撃へと駆り立てる突撃方式の案出で、その解決策のひとつが、散兵と縦隊による攻撃の組み合わせだった。散兵はこのような現場の切実な事情から生まれた。

新生の部隊に規律と訓練が欠けているという現実が、結果的に利点となった。このことから、機動力を発揮する攻撃的な戦術が生まれ、敵の杓子定規《しゃくしじょうぎ》な隊形をかく乱したのである。狙撃兵や遊撃兵などの散兵は、鉄の規律にしばられて自発的な行動を封じられた「歩くマスケット銃」のロボット兵士をまごつかせたのだ。

> フランス革命の思想を実現したものはナポレオンである。即ち彼は高邁な意志を遂行し偉大な目的を達成するために国民の力を糾合したのであった。然るに彼の敵はこの新事態を理解しなかった。彼等は革命的な思想と手段とを持合せていなかったので結局ナポレオンに対抗することが出来なかったのである。これが即ちイエナ、アウステリッツ及びモス

コウの敗因であり、然もかくの如き事情はヨーロッパが相等しき革命力をもつてナポレオンに対抗し得るまで存続した。

（ゼークト著、篠田英雄訳『一軍人の思想』岩波新書）

この散兵にはモデルがある。それはアメリカの独立戦争を戦ったミニットマンだ。

一七七五年四月十九日、ボストン西方の町コンコードで、イギリス正規軍と植民地だったアメリカの民兵＝ミニットマンが武力衝突した。コンコードの戦いは、植民地アメリカをイギリスから独立させ、共和国アメリカを誕生させた象徴的な出来事として今日にかたりつがれている。

コンコードは、マサチューセッツ湾植民地の通信・商業の中心地、郡庁所在地、交通の要衝、戦略的な要地で、かつてイギリス軍は対インディアン戦争やフランス人との植民地戦争ではこの町から出撃した。

戦闘は、英軍がコンコードを離れたところでいっそう激しくなり血なまぐさいものになった。この戦闘は、かつて植民地人がアメリカ・インディアンと戦う中で学んだやり方で、ひとりひとりが突撃するというやり方だった。平地での戦いに慣れているイギリス軍にとっては、ある人が述べているように、「我々を皆殺しにするために、卑劣にも兵を配するといった『ごろつき』とか『追いはぎ』のやり口」なのであった。

イギリス軍の側面部隊は、最初のうちは相手の攻撃を遠方で食い止めることはできたが、長続きはしなかった。道がくねくねと上がり下がりし、小川をまたいだりしていたため、英軍は自然の罠に引っ掛かり、防ぎようがなかった。イギリス軍はひそかに数を増す敵軍に圧倒され、絶え間ない銃火を浴びて袋の鼠だった。彼らは盲滅法撃ちまくって銃弾を無駄にした。

（R・A・グロス著宇田佳正・大山綂夫訳『ミニットマンの世界／アメリカ独立革命民衆史』北海道大学図書刊行会、一九八〇年）

コンコードはミニットマン発祥の地である。民兵は一六歳から六〇歳までの豪農、自作農、商店主、職人、労働者、一〇代の年季奉公者などすべての社会層の町民で構成し、町民のほぼ全員が参加した。防衛の最前線に立つ二個ミニットマン中隊の将校および下士官は合わせて一〇四人、半数以上が二五歳以下の若者たちだった。

イギリス正規軍は、ヨーロッパ諸国の軍隊同様、横隊の密集隊形で戦うことを基本としていたが、ミニットマンは民衆の軍隊で、独立自由な精神に富む各人がそれぞれ各個バラバラにどこからでも射撃して、いわゆる卑劣な戦い（※散兵の本質）をおこなった。

進んだ考えをもつ将校たちは、アメリカに渡って実戦を経験した。彼らは英軍部隊を打ち破るのに協力し、その敗北を目撃した。これを打ち負かした民兵隊や叛徒の群れの多くは、訓練もなく、伝統的な戦術や仕来りを無視し、個々ばらばらに攻撃をしかけ、身をかくして狙撃し、見えず近づけず、しかも殺傷力を発揮した。インディアンから学んだ策略を、彼らは英軍に用いたのである。（ロジェ・カイヨワ著／秋枝茂夫訳『戦争論』法政大学出版局）

アメリカの独立戦争に、イギリスと敵対するフランスが植民地側すなわちアメリカ側で参加し、ミニットマンの自由ほんぽうな戦い方を現地でつぶさに見聞したフランス軍将校・下士官たちが、新生フランス軍に散兵を導入したのである。

ナポレオンは、過去の延長線上での発想を否定し、現場の実情に応じて冷徹なまでに最善策を追求した。卑劣な戦いを本質とする散兵をちゅうちょなく採用するところに、近代戦術に通底するナポレオンのすごみがある。

散兵という自律的な兵士

ナポレオンはたえず新しい戦闘隊形と戦闘技術を戦場の現実に適応させてきた。フランス軍では戦闘隊形は二列か三列かという論争が長くつづいたが、ナポレオンはこれを二列横隊に変更した。ナポレオンは戦闘においてより効果的な総合力、機動力、および火力を発揮するために、しばしば戦闘隊形を修正しまたは変更した。

散兵の射撃がもっともすぐれ、第一列の射撃がそれにつぎ、第二列の射撃はなお有効だが、第三列の射撃は有害である。第三列の射撃が前方二列の射撃にプラスすることはなく、結果的に歩兵は二列の戦闘隊形におちついた。

（ナポレオン書簡集三一巻）

散兵というこれまでの戦場のルールを無視した戦い方は、異端であり、敵にとっては奇襲以外のなにものでもなかった。当初は、自然発生的なボランティアであったが、やがて散兵を専任とする専門部隊が編成され、戦闘隊形の一部として位置づけられた。
初期の戦闘では、散開した散兵は、掩蔽《えんぺい》（※敵の射撃から防護できること）できるあらゆるものを利用して、射撃により敵の戦列を混乱させた。砲兵が散兵の働きを助長した。その間、歩兵大隊の縦隊は、散兵と砲兵によってくぎ付けされ煙で視界が制限されている敵からほとんど注目されることなく、すみやかに敵との間合いをつめた。ひとたび突入距離にたっするや、歩兵の縦隊は敵線に突入して圧倒的な圧力と衝撃力で敵を粉砕した。
大隊縦隊が敵線に突入する間、散兵は射撃を継続する。この散兵の行動が突撃成功の重要なポイントである。なぜならば、突入部隊（大隊縦隊）はみずからの火力の発揮（小銃の射撃）はほとんどできず、かつ敵の大きな射撃目標になるので、決定的な瞬間まで散兵が敵を小銃の射撃によって制圧し、敵の注意をそらすことが不可欠なのだ。すべてが計画どおりに進行すれば、敵線に突入した部隊は最後の数分間だけ敵から射撃をうける。が、その射撃は、おそらく、弾薬をうちのこしたマスケット銃を所持しているバラバラになった敵戦列の残兵によるものであろう。

散兵は常時ペアで行動し、敵歩兵から攻撃されないように散開し、家屋や生垣を楯《たて》にして狙撃をつづけるために、敵が散兵を排除することは実質的に困難である。平坦な地形では、いきなり敵騎兵の襲撃をうける可能性があるが、彼らは味方の騎兵が駆けつけるまでいかにして身を護るか――反対斜面にかくれる、壕にはいる、方形陣（別途説明）を組んで馬上の兵士を射撃するなど――をこころえていた。

では、散兵に適した資質とは何だろうか？

ロボットのように命じられたことだけを完璧に遂行する兵士には散兵はつとまらない。散兵は、近代軍の兵士同様にみずから考え、みずから判断し、みずから進退しなければならない。つまり、自律的に行動できる知的レベルが必要なのだ。

歩兵には戦列歩兵と軽歩兵のふたつのタイプがあり、散兵は、前衛や掩護部隊として主力の前方で行動する軽歩兵の仕事である。フランス軍の一七九一年版戦闘教令（歩兵操典）には散兵という定義はなく、初期の散兵は軽歩兵の中隊や小隊の中から、歴戦の兵士がボランティアとして志願したというのが実態。

散兵はそのつど戦況に応じて臨時に発生した。エジプト戦役（一七九八～一八〇一年）では散兵がひんぱんに使用されたが、ナポレオンは一八〇四年に正式な散兵専門部隊として遊撃兵中隊（Voltigeurs Company）の編成を命じた。

軽歩兵連隊のあらゆる大隊は、一個中隊を「乗馬中隊」または「機動中隊」または「パルチザン中隊」あるいはその他の名称の中隊に改編すべし。この中隊は、常時、大隊の第三列に配置し、第一列として使用する場合には擲弾兵中隊とみなす。

（ベェルティエ参謀長への指示、一八〇三年一二月二二日）

ナポレオンの直接指示にもとづいて、一八〇四年初頭に、軽歩兵連隊の戦闘大隊内の一個猟兵《りょうへい》中隊が、新規編成のエリート中隊すなわち遊撃兵中隊に転換された。

一八〇五年から一八〇八年までの間に、すべての軽歩兵連隊は各六個中隊編成――一個擲弾兵中隊、四個猟兵中隊、および一個遊撃兵中隊――で構成する四個戦闘大隊、プラス一個訓練大隊（四個中隊編成）に改編された。

一八〇九年から一八一二年の間に、連隊砲中隊（二ないし四門の軽砲）が新編され、くわ

軽歩兵連隊の編成――1812年頃

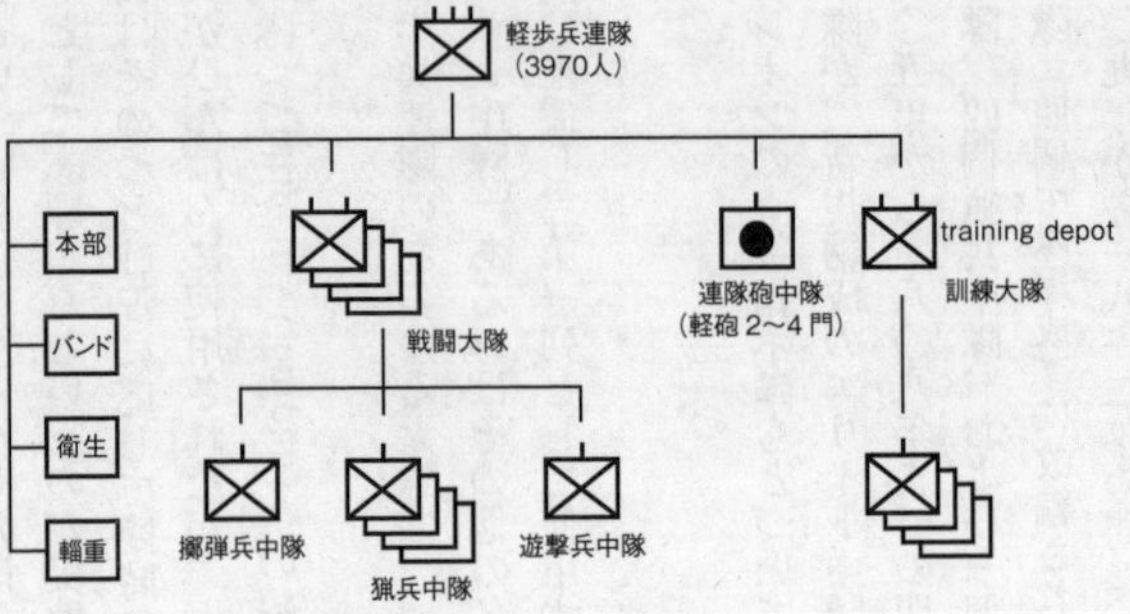

えて連隊は連隊本部、衛生兵、軍楽兵、および輜重兵を保有するようになった。中隊は将校および下士官兵一四〇人、連隊は三九七〇人である。

主力部隊の前方に展開して自由に動き自由に射撃する散兵は、自律的なディビジョン（師団・軍団）の編成、野戦における砲兵の機動的な運用、および攻撃縦隊の採用とならぶナポレオンの戦術的革新のひとつ、と今日でも評価されている。

散兵という戦い方は、米国だけではなく欧州でも見られ、一八世紀には、主力部隊の周辺の森林や集落における小部隊の戦闘――このような戦闘がskirmishで、哨戦と訳される場合もあるが、本稿では散兵戦という用語を使用する――が一般的であった。

このような特殊な部隊を多くかかえていたのがハプスブルグ帝国の軍隊で、クロアチアの民兵、ハンガリーの軽騎兵、アルバニアの軽騎兵などが有名だ。

女帝マリア・テレジアが継承戦争でこれらを有効に使ったことで知られている。

主力部隊のはるか前方や側方で行動する部隊を、当時のフランス軍やプロシア軍は「山賊や人殺し」と罵倒《ばとう》したが、彼らもやがて山地、森林、起伏の多い土地などで戦える猟兵大隊を召集した。ナポレオンが採用した散兵にはこのような歴史的な背景もある。

小さなスーパーマンに仕事をまかせる

散兵を専門とする選抜兵で構成する遊撃兵中隊（Voltigeurs Company）は、すでにのべたように、ナポレオンの直接指示により編成された。ナポレオンはとりわけ細部にまでこだわる性格で、遊撃兵の資質などをこまかく指示している。

中隊は、頑健で精力旺盛、身長のもっと低い兵士で構成する。下士官・兵は身長四フィート一一インチ（約一四八㎝）以下で、将校は五フィート（約一五〇㎝）をこえてはならない。

中隊は竜騎兵用マスケット銃より軽いマスケット銃を装備し、射撃訓練を徹底して実施させる。将校および下士官にはカービン銃（施条騎銃）を装備させる。

これら中隊の兵士は、トロット（※馬の速足：時速約一三キロ）で、あるいは騎手の長靴や馬のたてがみをつかんで騎兵に続行し、そして馬を利用してすばやく移動できるように、みずから乗馬したり騎手のうしろに飛び乗ったりする。これらの中隊は戦時編成で整備して維持する。彼らは身長不足のために徴兵を免除された者のなかから選抜される。（ベルティエ参謀長への指示、一八〇三年一二月二二日）

擲弾兵《てきだんへい》中隊は軽歩兵連隊のエリート中隊だ。擲弾兵はすくなくとも二年以上の軍隊経験があり、もっとも優秀でもっとも背の高い兵士から選抜され、雑役および衛兵勤務を免除された。彼らはとくに勇敢さと持久力が必要とされるあらゆる任務に使用された。

遊撃兵中隊もエリート部隊だ。遊撃兵は資質的には擲弾兵に適しているが、背が低すぎるために擲弾兵には採用されなかった。が、彼らもまた優秀な兵士なのだ。彼らの任務は捜索と散兵に特化され、騎兵部隊とトロットで行動をともにすることができた。

ナポレオンの戦闘方式は近代戦術の香りがする

ナポレオンの戦闘方式は、端的に要約すれば、戦線の全域において局地的攻撃で敵をひっかきまわし、敵を動けないようにその場にくぎ付けにして、すなわち攻撃の重点正面がわからないようにして、敵の第一線をずたずたに分断するというやり方。このうちの敵をひっかきまわす場面で、散兵の働きがおおいに寄与する。

これが功をそうして主力部隊の攻撃の機が熟すると、ナポレオンは決定的な攻撃地点を選

ナポレオン戦争当時のマスケット銃の性能　（出典：米陸軍士官学校教程）

最大射程		1065ヤード（約900m）
有効射程	対密集部隊	200～250ヤード（約180～230m）
有効射程	対小部隊	150ヤード（約140m）
有効射程	対個人（狙撃）	100ヤード（約90m）
※歩兵は約50発の弾薬を携行した		

択し、野砲を人力によって陣地変換させて決定的な正面に集中した。同時に、野砲の後方に、打撃のための選抜部隊を配置する。

これら一連の行動の間、散兵の自由ほんぽうな射撃によってほんろうされた敵は密集隊形のバランスがくずれ、予備隊を過早に投入せざるを得なくなり、これが逐次の戦闘加入となり、部隊は小さな部隊ごとの各別攻撃になりがちである。

野砲がまとまってマスケット銃の射程内に進出すると、密集している敵歩兵に対して直接照準射撃（ゼロ距離射撃）で散弾（キャニスター：有効射程三〇〇～五〇〇メートル）を発射して、文字どおり敵の第一線に穴をあける。

同時に、準備をととのえて待機していた新鋭歩兵部隊の全力および騎兵予備隊——竜騎兵、重騎兵——が、浮足立った敵に向かって突入する。

突破口が形成されると、突入縦隊（歩兵・騎兵）

は左右に展開して敵の戦列をまくりあげ、残兵をけちらして四散させる(突破口の拡大)。さらに第二波が突入してあらゆる場所を攻撃する。こうして勝利が確実と思われるとき、軽騎兵を戦場追撃に投入する。

フランス革命以前の戦闘方式——横隊に展開した部隊が正面からぶつかる戦闘——から見れば、ナポレオンの戦闘方式はまさに異端で、近代戦術の香りがする。とはいえ、このような戦闘はナポレオンの独創ではなく、プロシアのフリードリヒ大王が創造した斜行隊形にヒントがあった。

斜行隊形は優勢な敵に立ち向かう劣勢軍にとって最善といえる。それは敵戦線のある一点にわが軍の大部分を指向することの利にくわえて、他にもふたつこれと同等に重要な利点がある。なぜならば、斜行隊形は、われの弱い翼を敵の反撃からそらすために後方に引き下げるだけではなく、この翼によってわが攻撃をまぬがれている敵をその場所に拘束し、しかも必要な場合にはこの翼部隊を他正面増援の予備としていつでも使用できるという二重の効果があるから。この用法のもっともかがやかしい例は一七七五年のロイテン会戦で、オーストリア軍を完膚《かんぷ》なきまでに打ち破ったフリードリヒ大王が呈示した。

(ジョミニ著『The Art of War』)

一七七五年十二月四日、フリードリヒの軍隊は、ロイテン付近に陣地を占領するオーストリア軍の左翼に対して、敵の陣地前における隠密機動により側面攻撃に成功、敵の左翼を三方向から包囲し、つづいて猛烈な追撃を敢行して、オーストリア軍におよそ三分の二の損害をあたえた。

七年戦争(※一七五六〜六三年)間のフリードリヒ大王の成功は、彼が創造したいわゆる斜行隊形と称されるざん新な戦術による。大王が展開した新戦術を実行した者はだれもいなかった。彼は古代から現代までの将軍のだれひとりとして実行したこのないことをおこなったのだ。

昔も今も、将軍が攻撃中の縦隊に対して、大部隊をもって、擲弾兵の配置により、あるいは大砲を多数集中して増援したという戦闘の例は聞いたことがない。仮にフリードリヒ大王がこの機動方式を創造したと仮定すれば、彼は新しい戦い方を創造したのであり、それは世界ではじめてといっても過言ではない。

(ナポレオン書簡集二巻)

敵を攻撃する場合、その背後を攻撃するのがもっとも有利で、つぎが側面、やむをえず正面から攻撃する場合でもできるかぎり翼側を攻撃する、というのが戦術の原則だ。敵の配備上の弱点は力学上の弱点となる部位である。

フリードリヒ大王の時代は、おたがいの部隊が横隊で正面からぶつかるのが常識で、ロイテンの会戦は、敵前での機動により敵の弱点である側面を攻撃するという、近代戦術の萌芽《ほうが》ともいえる大胆な行動だった。ナポレオンは、フリードリヒのやり方を徹底して学んだ。

フリードリヒ大王は余以上にはるかに大胆だった。ロイテンの会戦は運動、機動、および決断の傑作だった。この会戦ひとつでフリードリヒの名声は不朽《ふきゅう》のものとなり、彼をもっとも偉大な将帥に列せしめた。

（ナポレオン書簡集三一、三二巻）

ナポレオンは横隊と縦隊の混合隊形をこのんだ

ナポレオン没一七年後の一八三八年に出版された、ジョミニ理論の集大成『戦争術概論（英訳『The Art of War』）』に「攻撃および防御の戦闘隊形」が記載されている。

ジョミニは、ネイ元帥の参謀長だったが、一時的にナポレオンの帷幕に参加して、ナポレオンの戦い方をつぶさに見聞している。ジョミニの代表作『戦争術概論』はナポレオンの戦略・戦術の解説書といった一面がある。

戦闘隊形は、兵器の火力と攻撃がもたらす士気の高揚との相乗効果によって、完璧なものとなる。状況に応じて横隊と縦隊を名人芸的につかいわけることにより、いつでも組み合わせの妙味《みょうみ》が発揮される。

（ジョミニ著『The Art of War』）

図面に定規で線を引いたような戦闘隊形は現実にはありえない。指揮官の意志――敵の戦闘隊形を打ち破って勝利すること――を具現するイメージとして、指揮官の頭のなかには部隊運用の全体構想があり、これらをシンプルにまとめたものが戦闘隊形である。ナポレオンは、一八一三年のライプツィヒの戦いでは凸型の戦闘隊形で防御し、一八〇九年のヴィグラムの戦いでは敵陣の中央部と左翼に対して同時に縦隊で攻撃している。ジョミニはヴィグラム時の戦闘隊形は、ほかの隊形よりすぐれていると評価している。

余は、貴下が、大隊教練において、部隊（※中隊）を小グループ（※小隊）で機動させる訓練をできるだけ多く実施することを強くもとめる。このような訓練の実施により、部隊は縦列射撃をおこないながらすばやく横隊に展開することに習熟する。

（マルモン将軍への指示、一八〇四年三月一二日）

攻撃および防御の隊形

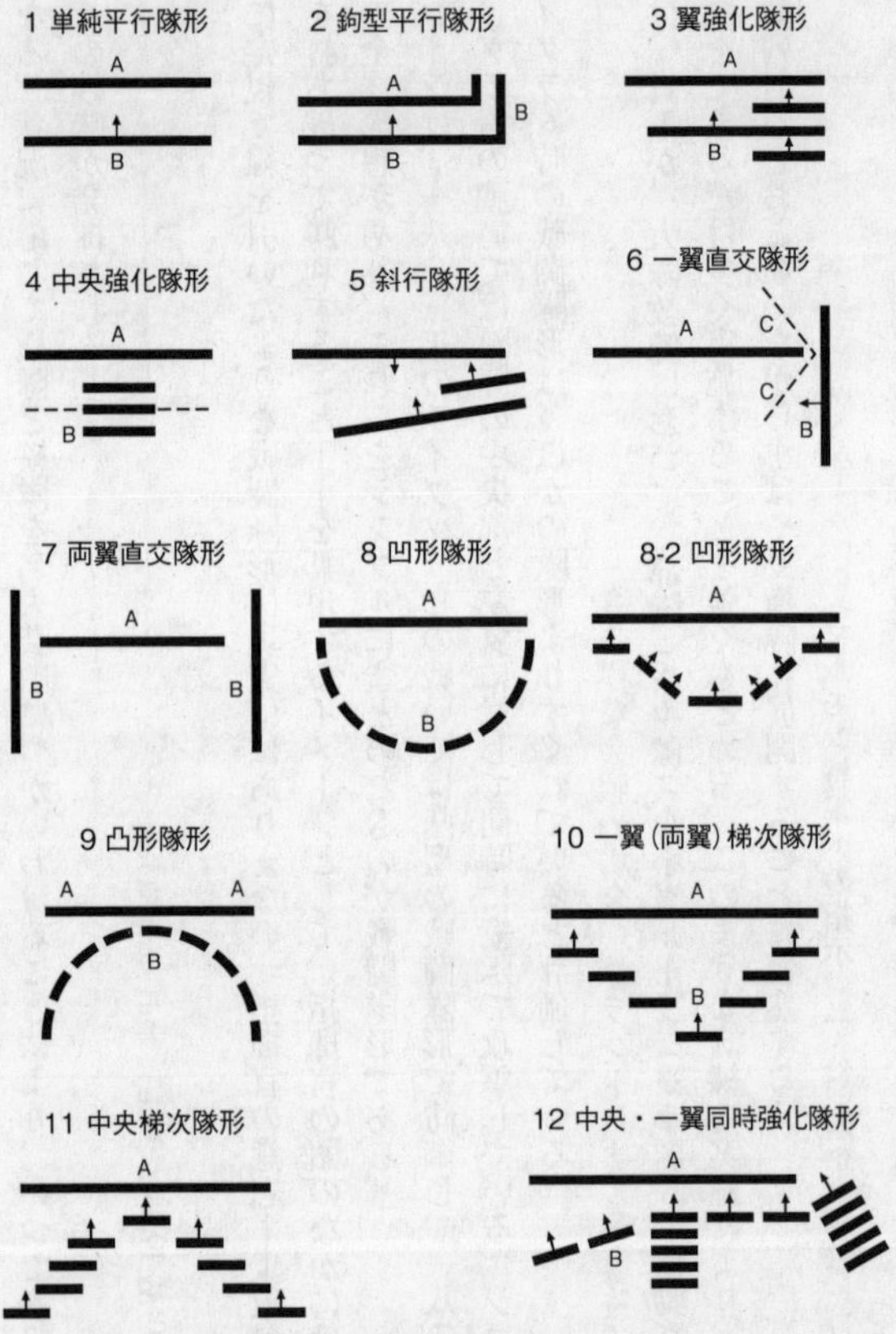

（出典：佐藤徳太郎著『ジョミニ・戦争概論』の挿図を加工）

歩兵大隊の横隊から縦隊への戦闘隊形の変換

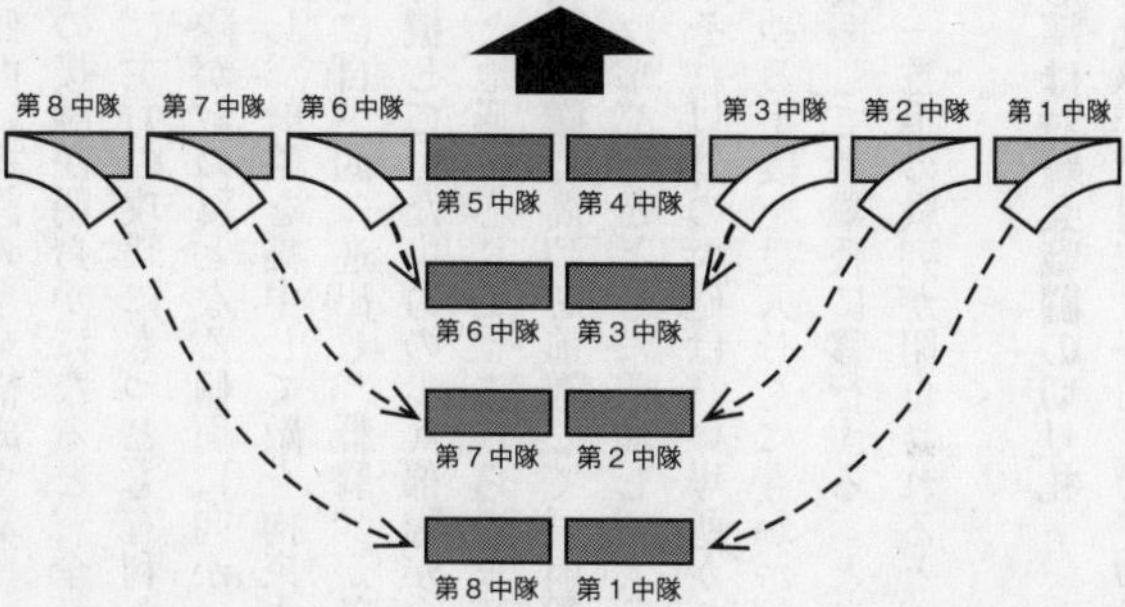

横隊は火力の発揮に有利、縦隊は機動による衝撃効果に有利だが火力の発揮は制限される。ナポレオンは、歩兵大隊を中隊・小隊に分割して、縦隊から横隊へ、横隊から縦隊へすばやく変換できるように、ブローニュ宿営地（後述）で徹底して教練をおこなった。

どのレベルの戦いでも、戦場の最末端で行動する部隊の基本単位は歩兵大隊である。ナポレオンの指示のごとく歩兵大隊を徹底してきたえることにより、ナポレオンの意図（考えている戦い方）が戦場で具現できるようになった。

大規模な会戦の場合、グランド・アルメ（後述）は指揮下の複数の軍団が相互支援できる距離内で行動する。その先端では騎兵予備軍団および先遣軍団から派遣される軽騎兵が掩護の幕を構成し、その任務は主力部隊の前進掩護および敵の捜索である。同時に騎兵予備軍団から派遣される竜騎兵師団が主力部隊の側面に掩護の幕を構成する。

敵との接触が明らかになると、全部隊は強行軍で集結し、前衛が敵を拘束して友軍の機動軸および主力の攻撃にもっとも有利な地点を確保する。前衛がこのように行動している間に、新鋭部隊が敵の翼となる側面に向かって行動を起こす。先ず軽歩兵が偵察し、敵の弱点を明らかにし、射撃を集中して敵を拘束する。軽歩兵の後方から、師団砲兵・軍団砲兵が散弾の射程内に自主的に進出し、軽騎兵が敵の騎兵を駆逐して好機に乗じて目標に突進する。その後、待機していた主力の歩兵部隊が大規模な攻撃を開始する。

戦況と地形に応じて、これらの攻撃を横隊で、混合隊形で、あるいは縦隊でおこなう。散兵は攻撃部隊の間隙を前進して、射撃を中断することなく敵残兵の火力を撲滅《ぼくめつ》する。砲兵の一部は攻撃部隊とともに前進し、大砲を馬で牽引できない地形では砲手が人力で大砲をひっぱり、それ以外の大砲は高い場所から攻撃部隊の頭越しの射撃をおこなう。

あらゆる手段を投入したにもかかわらず、攻撃部隊が敵の頑強《がんきょう》な抵抗をうけた場合は、横隊に展開して射撃戦に移行する。とはいえ、あくまで敵を突破するために縦隊攻撃をくりかえし、一番手の戦列が阻止されると、二番手の戦列または騎兵を投入する。

方形陣は対騎兵戦闘の切り札

一七九八年七月二十一日、カイロ北方のナイル河左岸で、フランス軍エジプト遠征初期の決戦ともいうべき戦い「ピラミッドの会戦」がおこなわれた。敵は剽悍《ひょうかん》かつ華麗なマムルウク軽騎兵の大集団、フランス軍は師団方形陣を構成して決戦にのぞんだ。

歩兵大隊方形陣は三列で形成するが、師団方形陣は八列で形成。方形の各辺は一二五人八列で一〇〇〇人強、四辺総計でおよそ五〇〇〇人の兵士が厚い壁をつくり、弱点部となる四隅の外側に大砲二門と擲弾兵二個中隊を配置し、方形の内部に騎兵、砲兵、輜重などをだきかかえた全周防御の戦闘隊形である。

マムルウク族は特異な集団で、もとは金銭で買われた奴隷《どれい》戦士であったが、精強をうたわれ、ナポレオンのエジプト遠征当時はエジプトの実質的支配者であり、その数は一万二〇〇〇人あまり、フランス軍の最強の敵だった。

二人のマムルウクは三人のフランス兵をよせつけない、なぜならば、彼らはよく武装し、騎乗技術にたけ、訓練精到で、そして二挺のピストル、ラッパ銃、カービン銃、面頬《めんぼお》のついたヘルメットをかぶり、鎖帷子《くさりかたびら》を着け、数頭の馬と数人の従者をともなっているから。とはいえ、一〇〇人のフランス騎兵は一〇〇人のマムルウクをおそれる必要はなく、三〇〇人は四〇〇人のマムルウクを、六〇〇人は九〇〇人を、そして一〇個騎兵大隊は二、〇〇〇人のマムルウクに勝算がある。それは戦術、戦闘隊形、および革新的な訓練の成果を発揮できるからだ。

（ナポレオン書簡集三一巻）

ナポレオンは勝ち方をよく心得ていた。マムルウクは兵士個人としては精強無比だが、組織としての戦術、隊形の維持、および訓練が弱点で、ナポレオンは敵の弱点をみきわめ、現場で最善の勝ち方を追求した。

すなわち師団が一団となって方形陣を構成してマムルウク騎兵と戦うという決断である。エジプトの真っ平らな砂漠では師団クラスの幾何学的な戦闘隊形も可能であるが、ヨーロッパの地形では大隊の方形陣が標準だった。

軍神ナポレオンといえども、訓練なしでいきなり方形陣を構成することは不可能だ。騎兵と歩兵の戦いはアレクサンドロス大王のファランクス以来の永遠の課題で、ヨーロッパの軍隊では方形陣がＤＮＡとして伝わり、訓練もふだんからおこなわれていた。

余が貴下に求める訓練で、もっとも重要なものは、大隊による方形陣の形成である。大隊長および中隊長は、いかにして最速で方形陣を形成するかを知らなければならない。なぜならば、敵騎兵の襲撃から自隊を防護し、連隊全体をすくう唯一の方策が方形陣であるから。

（マルモン元帥への指示、一八一三年四月一七日）

ナポレオンが方形陣形成の訓練を指示したのは一八一三年である。ナポレオンは前年の一八一二年にはモスクワ遠征で大敗北を喫している。

当時のフランス軍は精強大陸軍のおもかげはすでに失われ、兵士の大半は徴集された戦闘経験のない新兵で、大隊長、中隊長など第一線指揮官も実戦経験のすくない将校がふえていた。

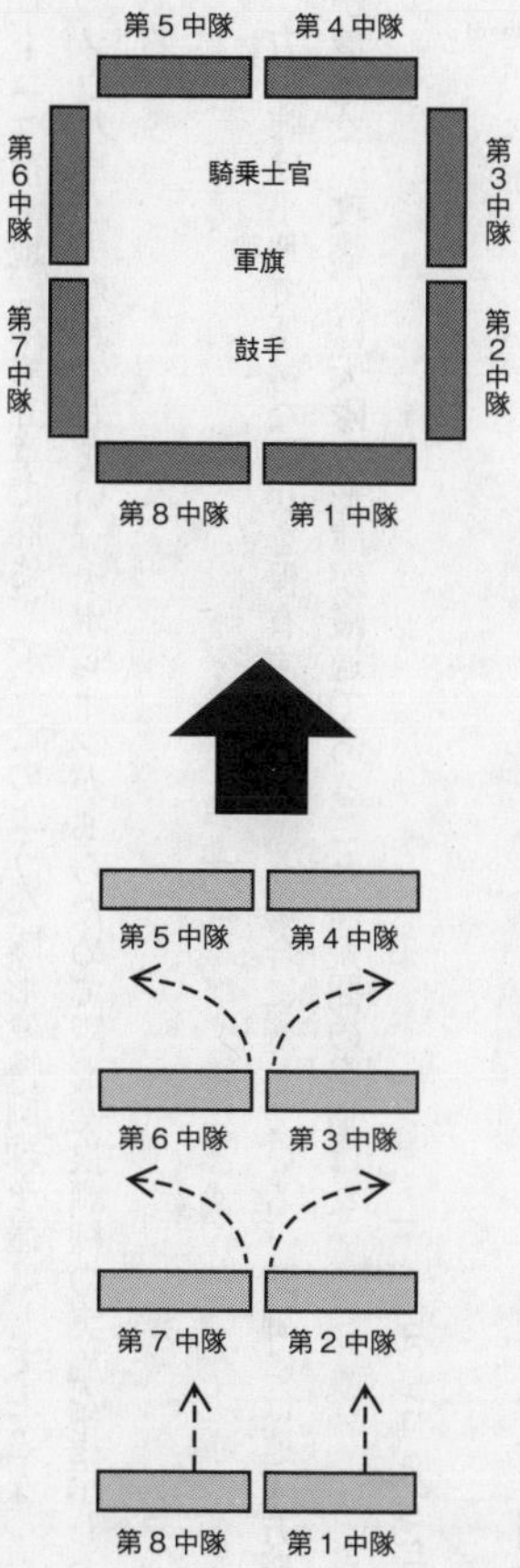

縦隊から方形陣への転換

歩兵大隊が縦隊から方形陣への変換、横隊から縦隊への変換、ぎゃくに縦隊から横隊への変換、これらを迅速確実におこなうためには部隊訓練をくりかえすこと以外に王道はない。ブローニュ宿営地（※第五章で詳述）で、このような隊形変換訓練を徹底しておこなったが、そのノウハウが失われてしまい、ナポレオンがあらためて隊形変換訓練の実施を指示したのである。

方形陣は平地で優勢な騎兵を保有する敵と戦う場合に適している。防御には連隊方形陣が最適で、攻撃には大隊方形陣が最適であることに疑問の余地はない。

（ジョミニ『The Art of War』）

一八三八年上梓の『The Art of War』（戦争術概論）は、ナポレオン戦争の総合評価でもあり、一九世紀中期頃のヨーロッパ各国軍の標準的戦術思想といっても過言ではない。ジョミニは、攻者の騎兵戦力が劣勢でかつ敵騎兵の襲撃に有利な平坦な地形で機動する場合は、あらゆる種類の攻撃には連隊または大隊の方形陣が適している、と断言している。

また、方形陣には完全な正方形と長方形のふたつがあり、八個中隊の歩兵大隊の場合は三個中隊を前面と後面に、各一個中隊を両サイドに配置する長方形の方形陣が、大隊全力を横隊に展開して攻撃するよりすぐれている、と述べている。

つまり、敵の騎兵戦力が優勢なヨーロッパの戦場では長方形の方形陣を構成して攻撃前進する、ということ。ナポレオンもエジプト戦役では、圧倒的に優勢な敵騎兵（マムルウク、ベドウィンなど）との遭遇が予想される場合は、師団方形陣を形成したままで行軍をおこなった。

余話として――ナポレオン戦術、幕末日本への波及

幕末期にわが国に導入された本格的な西洋兵書は高野長英が翻訳した『三兵答古知幾《タクチキ》』である。本書は、オランダ陸軍大学校教官ミュルケンが翻訳（一八三七年）したプロシアの戦術書（ブラント著『歩騎砲三兵戦術書』一八三三年刊行）を、高野長英が弘化四年（一八四七）ころ日本語に重訳したもの。原書はナポレオン没後一二年にプロシアで刊行され、その四年後にオランダで翻訳され、さらに一〇年すなわちナポレオンが没した二六年あとに日本語に重訳された。

『三兵答古知幾』は、全二七巻の和本、四〇〇字詰め原稿用紙で八〇〇枚をこえる。構成内容は「戦闘編」―五〇パーセント強、「行軍編」―約一五パーセント、残りが「部隊の編成」、「兵站」、「宿営」、「付録（小銃・大砲の性能諸元）」など。（※用語は自衛隊の教範を準用した）

大半をしめる「戦闘編」の記述範囲は旧陸軍の『作戦要務令』や陸上自衛隊の『野外令』などと基本的なちがいはなく、ブラント著『歩騎砲三兵戦術書』が体系的に完成した戦術書であることを証明している。

『三兵答古知幾』の原書はジョミニの『戦争術概論（英訳 The Art of War）』の五年前に刊行され、ナポレオン戦争の研究・分析の成果が反映されていることはまちがいない。

では、医師が本分で軍事とは無縁だった高野長英は、当時最新の『歩騎砲三兵戦術書』を的確に翻訳できたのであろうか？　幕末期のわが国の兵制は一六世紀後期の戦国時代とかわらず、ナポレオン戦争の時代とは雲泥の差がある。語学の天才といわれた高野長英はこのギャップを克服できたのであろうか？

横隊ハ、火器ヲ用ルニ、頗《すこぶ》ル便利ノ隊ニシテ、而《しかも》銃火モ亦其《またその》勢力ヲ逞《たくまし》シテ、遠地ニ達シ、此《これ》ニ加ルニ、全軍ノ連続スルニ便ニシテ、且《か》ツ一斉ニ、銃鎗（※銃剣）ヲ用ルニ利アリ、

散隊（※散兵）ハ、戦隊ノ際、諸兵各《おのおの》勇力ヲ奮起シ、芸能ヲ顕ハスコトヲ得ルノ隊ナリ、散蔓スト雖《いえど》モ、固《もと》ヨリ全軍ノ主トスル所ノ主意ニ応シ、互ニ相救助（※相互支援）スルヲ主トシ、以テ首尾遠々相連リ、一点ノ如クナラシム、今時ノ戦法、此《これ》ニ因《より》テ、大運動ヲ促スコトヲ得ルハ、他ナシ、

高野長英の翻訳は「優秀」のひとことにつきる。軍事用語の使用は一部をのぞいて適切であり、内容もおおむね正確に翻訳され、いわゆるナポレオン戦術は確実にわが国に伝来した、

と言い切っても過言ではない。

高野長英は『兵制全書』、『兵学小識』、『三兵活法』、『西洋歩兵教練法』、『デ氏三兵タクチキ』、『砲家必読』、『新制鉄砲鎔鋳法』などを翻訳しており、軍事全般の知識は当代では群をぬいていたことはまちがいない。

では、『三兵答古知幾』など翻訳された洋式戦術書はどのように活用されたのか？

当時のわが国は、幕府関係者のごく少数をのぞいて外国との接触は皆無で、二〇〇年以上の鎖国による天下泰平を謳歌し、武士もふくめて国全体が軍事音痴というべき状態だった。すなわち『三兵答古知幾』を活用する素地はゼロだった。

嘉永六年（一八五三）ペリー提督の黒船が、突如、来航した。以降、幕末の動乱がつづき、わが国は薩英戦争（英艦隊の鹿児島襲撃、一八六三年）および四国連合艦隊の下関砲撃（一八六四年）などを経験して外国軍との軍事力の圧倒的な差を実感させられ、またこのような武力を背景とした外交により不平等条約を締結させられた。

幕府・長州戦争（四境戦争）や鳥羽・伏見戦にみられたように、幕府には軍全体を運用する司令官および部隊を指揮する将校を養成する学校がなく、幕府の終末期には歩兵隊・伝習隊といった洋式部隊を編成したが、これらを本格的に運用できなかった。

おくればせながら、幕府はフランス軍事顧問団を招聘《しょうへい》して洋式軍隊の導入をこころみたが、外見だけの洋式軍隊というハードをつくっても、これを運用するためのソフトがなかった。

封建世襲制により、洋式軍隊を運用できる人材が育っていなかったのである。

一方、対外戦争に敗れた長州藩は、大村益次郎に託して兵制および軍備を一新し、慶応二年（一八六六）六月の四境戦争で幕府軍を圧倒した。長州軍は基本単位として小隊組織（※現代の中隊に相当）に編成され、すべて洋式軍隊に改編されていた。各部隊はミニエー銃（ライフル銃で一八六〇年代の欧米の主力銃だった）を装備し、指揮官も部隊も散兵戦術で訓練されていた。

長州軍の兵制改革にあたった大村は、クノープの戦術書を翻訳した『兵家須知《すち》戦闘術門』を教程として、長州軍の将校たちに「三兵戦術」の用兵理論を教育し、オランダの歩兵教練書（一八五七年版）により、各部隊の兵士に「散兵戦術」をたたきこんだ。歩兵教練書は旧陸軍の『歩兵操典』に相当する実務書である。

散兵戦術は兵士個々の自発性・独立心が前提となる。アメリカのミニットマンに相当する奇兵隊など志願制の長州軍諸隊は士気も高く、軍紀厳正で、散兵戦術をじゅうぶんこなした。幕府軍の各藩兵は、ナポレオンは戦術を知らないと評した欧州の将軍たちとおなじように、長州軍の散兵戦術にほんろうされた。

ナポレオンが士官学校を創設したのは一八〇二年。わが国は明治維新後の明治七年（一八七四）に、第二次フランス軍事顧問団の全面的な協力により、サンシール士官学校をモデルとして陸軍士官学校を創設、陸軍の基幹要員の養成を開始した。

士官学校生徒の修学年限は歩兵、騎兵が二年、砲兵、工兵が三年（三年目は少尉）で、エコール・ポリテクニク（※第二章に記述）の影がちらついている。維新後の日本陸軍はフランス式兵制からスタートしたが、のちにプロシア方式へと転換した。

第二章　野砲の機動的運用

グリボーヴァル砲システム

前章で述べたことと重複するが、戦場の焦点で火力の優越を得るために、砲兵を機動的かつ柔軟に運用できるようになったことは、主力部隊の前方に展開して自由ほんぽうに射撃する散兵の採用、独立的に行動できる部隊（師団・軍団）の編成、および攻撃縦隊の使用による衝撃効果の発揮とならぶナポレオンの戦術的革新のひとつである。

砲兵監ジャン゠バティスト・ド・グリボーヴァル（Jean-Baptiste de Gribeauval）の監督下に、大砲は標準化され、部品は互換性を持たされた。装薬の改良は射程を、照準器の改良は正確性を増大し、また、軽い砲架は動かすのに必要な牽引力を大幅に軽減することによって、いかなる必要な地点にも集中することができるようになり、大砲は戦場の内でも外でもまことに順応性のある兵器になった。

（マイケル・ハワード著『ヨーロッパ史における戦争』）

グリボーヴァル・システムがすぐれているのは、重量の軽減および砲架（carriage）と砲車（limber）のすぐれたデザインのおかげで、全体的により軽量となり、野砲が野戦軍と行動をともにできるようになったことだ。

大砲、砲架《ほうが》、および弾薬車の全体重量はより減少し、また、段列《だんれつ》の馬と器材の連結がより短時間でできるようになり、破損のおそれがすくなくなり、事故も減少し、これらの総合的な効果により野砲が戦場の内外で軽快に機動できるようになった。

この結果、フランス軍砲兵は、こわれやすくて旧式なヴァリエール・システムから、いちやく、ヨーロッパ最強かつ近代的砲兵システムへと脱皮した。

新しい大砲は偏差《へんさ》（砲身の直径と弾丸の直径との間隙）が減少して命中精度が向上した。照準器は砲の後方上部の刻み目のかわりに調整可能な後方視察装置となり、軽量にもかかわらず射程がのびて遠距離で命中するようになった。

一六三〇年、スウェーデン王グスタフ・アドルフの兵制改革のもとで、野外の機動性にすぐれ、短間隔ですばやく砲弾を発射できる革命的な野砲が誕生した。この野砲は鋳鉄製四ポンド砲、重量五〇〇ポンド（二二五キロ）という軽量、馬二頭で牽引し、三人の兵士で射撃

グリボーヴァル砲の有効射程

砲の種類	砲丸（BALL）	葡萄弾（GRAPE）	散弾（CANISTER）
12ポンド砲	900-1000m	500-700m	500m
8ポンド砲	800-900m	400-600m	400m
4ポンド砲	800-900m	300-500m	300m

した。スウェーデンで誕生した新野戦砲はまたたくまにドイツ、フランス、オーストリアへとひろがり、歩兵、騎兵、および砲兵の三兵科による「三兵戦術」が誕生した。

一〇〇年後の一七〇〇年代中期ころ、ヨーロッパ各国の大砲は重量が増し、操作も複雑となり、野戦での機動には不向きとなっていた。一七六五年にグリボーヴァル・システムが導入される以前のフランス軍の大砲はヴァリエール・システムで、攻城砲または要塞砲として使用される重砲と、一八世紀型の大規模横隊戦闘による会戦に使用される軽砲との区別がなく、戦闘様相に応じた柔軟な運用ができなかった。

砲兵監グリボーヴァルが考案したシステムのもっとも重要な特徴のひとつが、あらゆる構成品の規格を統一するという原則であった。この目的は、砲架、砲車、および弾薬車のいかなる部品にも互換性をもたせるということ。

ヴァリエール・システムは、同一デザインでも、車輛を製造したかじ屋および職人のクセが原因でさまざまな変種があった。外見上おなじように見えても構成部分に微妙なちがいがあり、戦役において敵の行動だけではなく、運搬、天候などが原因で破損したとき、かじ屋または熟練

ヴァリエール・システム（門数／歩兵100個大隊）

砲の種類	門　数	馬　匹	荷車（WAGONS）
12ポンド砲	20	420	60
8ポンド砲	40	600	80
4ポンド砲	70	560	70
1ポンド砲	20	140	20

グリボーヴァル・システム（門数／歩兵100個大隊）

砲の種類	門　数	馬　匹	荷車（WAGONS）
12ポンド砲	80	1520	240
8ポンド砲	80	1040	160
4ポンド砲	40	280	40

（出典：『Napoleon's Guns 1792-1815（1）』OSPREY出版）

工が適当な代替品を作るまで修理できないという深刻な問題があった。この問題点を改善するために、グリボーヴァルは、すべての部品を同一規格で製造するために、詳細な設計明細書をすべての砲兵工廠にくばって明細書にもとづいて製造させた。

ヴァリエール・システムからグリボーヴァル・システムへ換装することにより、八ポンド砲および一二ポンド砲の合計門数は、一個歩兵大隊あたり六〇門から一六〇門へと増加、つまり第一線歩兵部隊の火力がいちじるしく強化された。これは、グリボーヴァル・システムの軽量化により、大砲が歩兵部隊とともに行動できるようになったからだ。

戦場において野砲を機動的にかつ柔軟に運用するというナポレオン戦術の画期的な革新は、ナポレオンの独創ではなく、グリボーヴァル・システムという基盤があってはじめて可能になった。ナポレオンの功績は、すでに存在していたグリボーヴァル砲を、ナポレオン流の大胆な発想で、実戦で最大限に活用したことにある。

グリボーヴァル・システムを完全に機能させるためには大量の要員の確保が必須である。このためにフランス軍は砲兵の人員をいちじるしく増強し、大量の後方支援要員（補給、整備など）を補助部隊に配置した。一八〇一年（第一統領）には、八個徒歩砲兵連隊、六個輓馬砲兵連隊、二個ポントン橋大隊、一五個整備中隊、八個段列大隊、および一個統領親衛輓馬砲兵中隊の総計二万八二〇〇人の将校・下士官・兵を数えるにいたった。

これ以降も砲兵は増強され、一八〇四年の皇帝即位時には三万八九〇〇人となり、帝政末期にはピークの八万三〇〇人に成長していた。ナポレオンが砲兵を重視したことはこれらの数字からも証明される。（※ポントン橋大隊は工兵部隊であるが、工兵は砲兵の一部門として運用された。このことにかんしては後述する）

契約市民からエリート部隊への変身

主力部隊の前方に展開した軽歩兵の散兵が自由ほんぽうな射撃で敵の戦列をかき乱してい

る間に、多数の野砲が最前線に進出して、密集している敵の歩兵に対して直接照準射撃で散弾を発射して第一線に穴をあけると、待機していた新鋭の歩兵部隊の全力および騎兵予備隊が、すかさず浮足立った敵陣に突入する。このような戦闘方式を成立させるカギは、多数の野砲をいかにして最前線へ進出させるか、すなわち戦場における野砲の機動力の発揮いかんにかかっている。

大砲を装備しなければ戦争は遂行できない。決定的な戦闘は砲兵が勝利のカギをにぎる。精強な歩兵が軍の中枢であることに疑問の余地はないが、歩兵が敵砲兵と長時間戦闘せざるを得ないとき、歩兵は士気を失って撃破される。勇敢な歩兵といえども、一六門または二四門の大砲を有する精強な砲兵を前にして、損害をうけることなしに三、〇〇〇フィート（約九〇〇m）あるいは三、六〇〇フィート（約一、〇八〇m）の距離を前進することはできない。その三分の二にもたっしないうちに、兵士は殺されるか、負傷するか、または四散させられる。

（ナポレオン書簡集一五、二六、三一巻）

機動には作戦機動、戦術機動、および戦場機動の三種類がある。作戦機動は予想戦場への移動で行軍という形態をとる。戦術機動は戦場において戦闘展開により射撃陣地を占領するための移動である。この段階までは、大砲を砲架にのせ、砲車と連結して、一二ポンド砲は六頭の馬で、八ポンド砲・四ポンド砲は四頭の馬で牽引する。射撃陣地に進入したあと砲架と砲車をきりはなし、馬を後方の安全な場所に下げる。

射撃開始後、歩兵部隊が前進すれば、大砲を砲架にのせたまま砲手が人力でひっぱって射撃陣地を変換する。グリボーヴァル砲の軽量化により、戦場において大砲を人力で動かすことが可能になったからだ。このような戦場機動により大砲を重点正面にすばやくかつ柔軟に集中できるようになり、ナポレオン軍の勝利の決め手となった。

グリボーヴァル・システムは、大砲や車輛などのハードだけではなく、砲を操作する要員などのソフトもふくまれる。戦場で野砲を陣地変換してすばやく新射撃位置に入れるために、砲手はショルダー・ベルトで各人が携行している牽引ロープで大砲をひっぱる。単純な動作だが、これまでの発想にはなかった積極的なこころみである。

システムの軽量化が戦場の内外における大砲の機動性をいちじるしく向上させ、デザインや構成部品の標準化が大砲の運用性を向上させたことにプラスして、大砲を操作する砲手の専門要員化もまた画期的で、グリボーヴァルの偉大な業績である。

これが何を意味するかといえば、グリボーヴァルの改革以前は、(現代用語にあてはめると) 歩兵や騎兵は軍隊の正社員の軍人だったが、大砲を操作する砲手は一時的な契約社員で正規の軍人ではなかったのである。

しかし、どんな技術的進歩よりも重要だったのは、砲兵自身に生じたものであった。彼らは、その邪悪な技術の不可解な専門的事柄にのみ関心がある、文民の専門家集団だとは見なされなくなった。戦争に対する彼らの姿勢が多少科学的だとしても、彼らは、ヨーロッパの全軍隊において、他のものと同様に制服を着用し規律をもった軍隊の統合された一部門となった。ブリアンヌ士官学校の砲兵候補生の優等生の一人が、若いコルシカ人ナポレオン・ボナパルトであった。

（マイケル・ハワード著『ヨーロッパ史における戦争』）

砲兵が文民の専門家集団だったという意外な事実はほとんど知られていない。正直なところ、筆者もこのことに無知であった。

グリボーヴァル・システムの導入以前は、大砲のとりあつかいはでまかせだった。戦いにのぞんで、砲廠《ほうしょう》から交付された大砲を操作するために多くの砲手（契約市民）がえらばれ、彼らは大砲とともに行軍し、戦闘で射撃し、そして砲廠へ復帰した。すなわち戦闘の一場面だけを契約で請け負った。つぎの戦いでは契約により別の大砲と行動をともにした。

グリボーヴァルの改革以前は、砲種の配当も不定で、ある日は二四ポンド砲を、つぎの日には八ポンド砲だった。したがって、彼らは特定の大砲に習熟せず、特定の大砲にかんする専門的な知識を習得することも困難だった。大砲と生死をともにするなど夢のまた夢で、彼らもまた大砲に慣れ親しもうとはしなかった。

グリボーヴァル・システムでは、砲手を同一の大砲に固定し、専門知識が習得できるように変更した。これらの改革の結果、彼らは大砲により多くなじみ、器材も良好な状態で維持できるようになった。

ナポレオンが第一統領兼国軍最高司令官としてマレンゴ戦役で勝利した一八〇〇年当時、かつて契約市民だった砲手は正規の軍人（砲兵）へと模様がえし、輓馬《ばんば》編成の砲兵はすでにエリート部隊として注目されるようなっていた。

野砲を分解搬送してアルプス山脈をこえた

一八〇〇年、イタリアで敵が敵対行為を開始し作戦発起が近いとの情報に接するや、余はただちに、イタリア駐屯軍を直接支援できるように行軍することが必要であると考えた。しかしながら余は、メラス軍（※オーストリア軍）の背後に進出するためにサンベルナール峠をこえ、敵の弾薬庫、補給倉庫、および病院を占領してメラス軍のオーストリアとの後方連絡線を遮断して、そのあとに戦闘することを望んだ。

（ナポレオン書簡集三一巻）

ナポレオン自身が「このような計画を実行するためには、スピード、徹底した秘密保全、および大胆不敵さが不可欠」と言っているように、アルプス越えは典型的な奇襲であり、奇襲が成り立つためにはそれなりの準備が必要だった。では、雪が残るサンベルナール峠をこえることは可能なのか？

第二次イタリア遠征における一八〇〇年五月十五日〜二十一日のアルプス山脈のサンベルナール峠越え（標高二四七二メートル）は、ナポレオンの数多くの戦歴のなかでも華々《はなばな》しいもののひとつだ。ナポレオンはオーストリア軍の背後からイタリア北部に進出しようと意図したが、当時の一般的な軍事常識では、この時季のアルプス山脈は積雪および凍結した細い道のために砲兵の通過は不可能と考えられていた。

しかしながら、第一統領ナポレオンは、大胆な将軍であると同時に砲兵将校で、大砲を通過させるノウハウをよく知っていた。彼は四ポンド砲および八ポンド砲のアルプス越えはこころみたが、さすがに一二ポンド砲は重くて後方に残置した。

峠越えのためにおよそ五〇〇〇人の山岳住民をやとい、弾薬および小道具はロバで運搬し、砲架、砲車、および弾薬車の部品は分解して人力で搬送、砲身は凹形にくりぬいた松材につんでソリとして運搬した。このようにして不可能と考えられていた大砲のすべてが峠をこえて、アルプス山脈のイタリア側の村落で結合できたのだ。

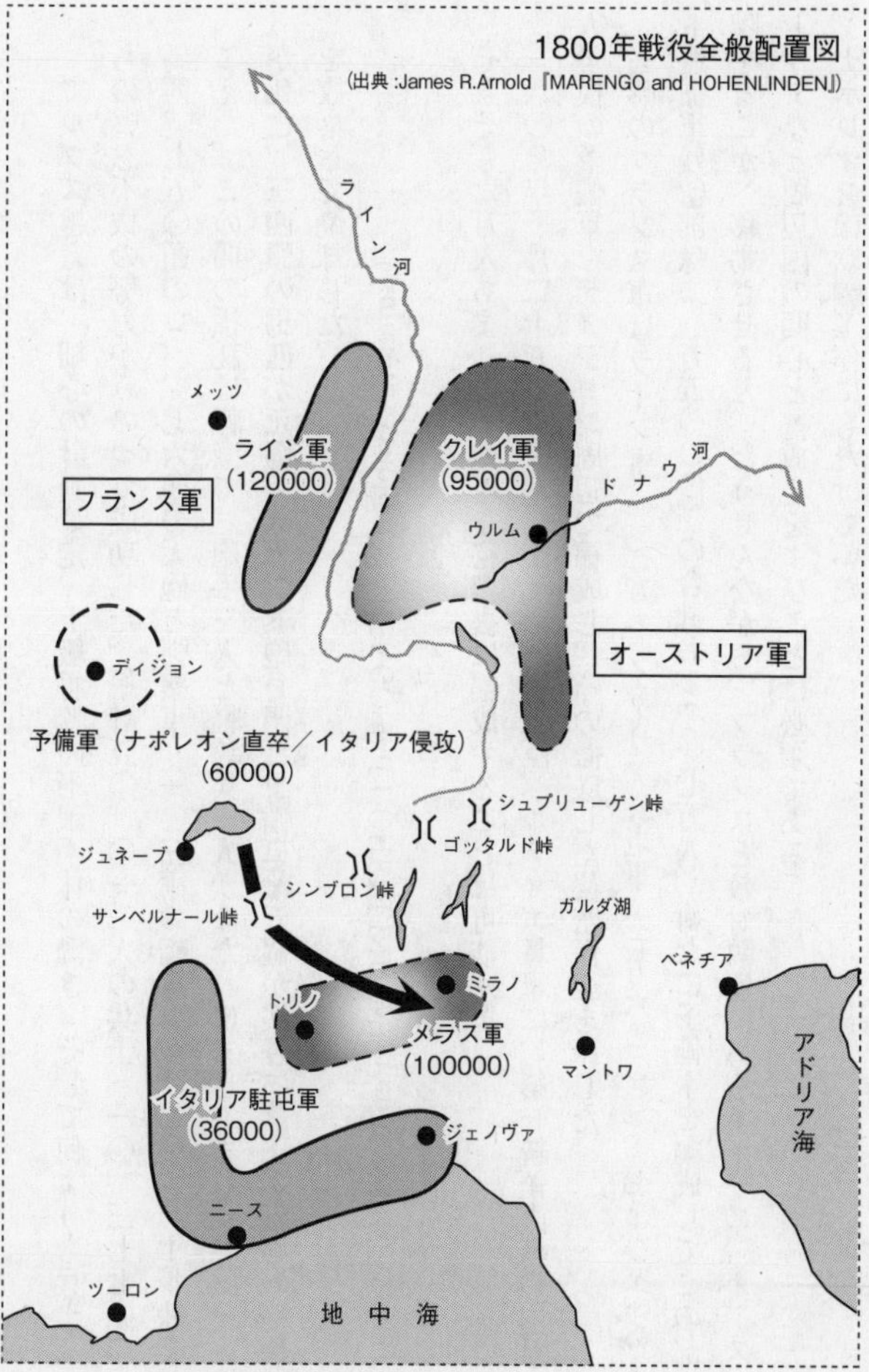
1800年戦役全般配置図
(出典 :James R.Arnold『MARENGO and HOHENLINDEN』)
ライン河
メッツ
ライン軍
(120000)
クレイ軍
(95000)
ドナウ河
フランス軍
ウルム
ディジョン
オーストリア軍
予備軍（ナポレオン直卒／イタリア侵攻）
(60000)
シュプリューゲン峠
ゴッタルド峠
ジュネーブ
シンプロン峠
サンベルナール峠
ガルダ湖
ベネチア
ミラノ
トリノ
メラス軍
(100000)
マントワ
アドリア海
イタリア駐屯軍
(36000)
ジェノヴァ
ニース
ツーロン
地中海

アルプス越えは、細心の計画策定、上級将校の不眠不休の働き、そして何よりも兵士たちの堅忍不抜《けんにんふばつ》の努力がみのって成功した。総計五〇、〇一一人の兵士、一〇、三七七頭の馬匹、七五〇頭のロバ、七六門の大砲と弾薬車、一〇三両の輜重車《しちょう》がサンベルナール峠をこえた。この間の損耗は軽微で、砲手三人と軽騎兵一人がなだれにまきこまれ、猟兵一人が死亡、三四頭の馬匹が死傷、八ポンド砲一門と予備車輪五個が渓谷に落下、五両の砲架を放棄して焼却した。

(James R. Arnold『MARENGO and HOHENLINDEN』Pen & Sword Book)

そもそも六万人あまりの予備軍を秘密裏に編成することは可能か？

一八〇〇年一月二十五日、ナポレオンは陸軍大臣ベルティエ将軍に、第一統領直轄の六万人規模の予備軍をディジョン周辺で編成し、その徹底した秘密保全を命じた。

当時のフランス軍はライン軍（一二万）、イタリア駐屯軍（三万六〇〇〇）、およびエジプト遠征軍残留部隊（一万五〇〇〇）の合計およそ一七万人。新たに予備軍を編成してこの部隊をどこかへ移動させると、とうぜんながら、フランスと敵対関係にあるイギリス、オーストリアなど周辺国の関心と警戒心をよびことは必須である。

ナポレオンは欺騙《ぎへん》工作にもたけていた。

ナポレオンは立法府や元老院への声明、書面による布告および公表をふくめあらゆる手段を駆使して、情報提供者やスパイに特定の目標——フェイク・ニュース——をあたえて、とくにイタリア駐留のメラス軍（オーストリア軍）をほんろうした。

ナポレオンが五月六日にディジョンで七〇〇〇から八〇〇〇人の兵士を閲兵したとき、彼らの大半は制服すら着ていなかった。意図してたくらんだこの状況は、即時に、「ナポレオンに予備軍なし」というフェイク・ニュースとしてヨーロッパ中をかけめぐった。しかしながら、本物の軍隊はディジョン周辺で、きびしい情報統制下に、複数の師団が編成されていた。輓馬編成のエリート砲兵部隊もその一部だった。

結果として、ナポレオンは、アルプス越えの意図および強力な予備軍の存在を秘匿して、戦史に特筆されるメラス軍の背後（北部イタリア）への大胆な機動に成功した。

アルプス越えのエピソード。

ナポレオン本にはかならず登場する有名な絵画『ボナパルトのアルプス越え』、白馬にまたがってサンベルナール峠で指揮するナポレオンの雄姿が活写されている。皇帝首席画家ダヴィドが描いたこの絵は「芸術的な表現で、現実は貧弱なロバにまたがって、地理に明るい農夫の案内にみちびかれてサンベルナール峠をこえた」と、ドイツに駐留してナポレオン戦史を研究した石原莞爾《かんじ》が『欧州古戦史講義』で真相をあきらかにしている。

とはいえ、乗ったのが駿馬《しゅんめ》であれロバであっても達成した偉業は不滅である。が、イメージ戦略としては駿馬の方が断然効果的だ。アルプス越えに成功したあと、ナポレオンは六月十四日のマレンゴ会戦に勝利してイタリア遠征の戦略目標を達成し、第一統領の権力基盤を盤石とした。

軍事の世界にかぎらず、世間にはどのようにしても動かしがたい何ものかが存在する。それは常識というよりはむしろ固定観念といってもよかろう。これを動かすことにより奇襲が成り立ち。奇襲された側は「ナポレオンは戦術を知らない」と相手を罵倒《ばとう》するが、前途にまちうけているのは敗者の運命だ。砲兵出身のナポレオンには、サンベルナール以外にも、常識はずれにみえる砲兵の戦術的運用がいくつかある。

一七九三年九月、フランス革命の余波で国内が騒然としていた時期、反革命党とこれを支援するイギリス、スペイン両艦隊は、ツーロン要塞の防備をかためて革命軍に対抗した。革命軍三万がツーロン要塞を攻撃したとき若きナポレオンが世界史の表舞台に登場した。

ナポレオンは「陸上砲台の攻撃をやめて、ツーロン港を見下ろせる（旅順の二〇三高地要塞に相当）マルグラップ砦を奪取して、大砲を山上に推進して敵艦隊を砲撃すべし」と意見具申し、みずから攻撃部隊の指揮官を志願して、大砲を山の上にひっぱりあげて、山上から港内に停泊する艦船を砲撃してツーロン要塞の防備をうち砕いた。

一八〇五年十二月二日、ナポレオンはアウステルリッツ会戦でオーストリア－ロシア同盟軍を完全に撃滅した。壊乱したロシア軍は戦場の南方へ敗走、凍結した沼地帯を横断して逃れようと試みた。(ナポレオン自身の証言によれば)戦場の要地ブラッツェン高地からこの状況を見たナポレオンは、砲兵に対して、氷上に蝟集《いしゅう》する兵士よりむしろ氷を目標として射撃するよう命じた。かくして無数の人馬が沼に落下して凍死した。

一八〇六年、フランス軍はイエナ付近でプロイセン軍と戦った。十月十三日夜、ナポレオンはイエナ西北方一五〇〇メートルのランドグラーフェン高地上に砲兵を推進して、夜明けとともにプロイセン軍を砲撃しようと企図した。

「ナポレオン」ハ前面ノ敵ハ約八万ヲ有スル敵本軍ナリト判断シ、第五軍団ノ位置甚シク危険ナルヲ認メ、又明日軍ハ逐次到着シ得ベク且展開ノ為メ地域狭小ナルノミナラズ殊ニ砲兵ノ陣地侵入甚ダシク困難ナルヲ知リト雖、断乎トシテ第五軍団ノ掩護ノ下ニ敵ヲ攻撃スルニ決シ、自ラ非常ナル熱心ヲ以テ諸隊ヲ陣地ニツケ、砲兵ノ進入路ヲ構築し、「ランドグラーフェンベルク」上ニ露営セリ

(石原莞爾『欧州古戦史講義』)

山は急傾斜で、大砲を引き上げる道はなく、しかも雨の闇夜で、砲兵部隊から「大砲の引き上げは不可能です」との報告が入った。ナポレオンは「余には不可能の字なし」の名文句をはき、ナポレオン自身が現場に進出して、ランヌ軍団三万の兵士をもって道路を作り、二

五門の大砲を強引に高地にひっぱり上げた。十四日仏暁、ランドグラーフェン高地からフランス軍砲兵の猛砲撃をうけて、プロイセン軍は潰走した。(「余には不可能の字なし」には異説もいろいろとあるが、これに近い言葉を発したのであろう)

エコール・ポリテクニクを砲工学校に変えた

ナポレオンは、貴族階級の子弟が学ぶ士官養成機関ブリエンヌ幼年学校をへて、パリの王立士官養成学校(歩兵、騎兵、砲兵の候補生五〇〇人)に入校し、砲兵科候補生として四年間の課程を一年で修了して、一七八五年に一六歳で少尉に任官、ラ・フェール砲兵連隊に赴任した。

当時、砲兵・工兵のような高度の知識と技術を必要とする地味な兵科の技術将校は人気がなかったが、ナポレオンは数学がとくいで砲兵将校に適していた。ナポレオンは国家統治者(第一統領・皇帝)として、教育分野で徹底したエリート主義をつらぬき、現代にもうけつがれているリセ(国立高等学校)とエコール・ポリテクニク(陸軍砲工学校)の創設がその代表例だ。

一八〇二年にナポレオンが創設したリセは、わが国の旧制中学がモデルとした学校で、将来フランスの指導者として期待されるエリートを育成することが目的だった。リセ教育はラテン語と数学と哲学に基礎をおき、ナポレオン帝政が終わった一八一五年でも、フランス全土でわずか三六校、就学人数は九〇〇〇人だった。

ナポレオンは「教育には、厳密にいえば、いくつかの目標がある。人は正確に話すことと書くことを学ぶ必要があり、それは一般的には文法と文学である。リセはこの目標を提供しており、そして修辞学を学んでいない者は十分な教育をうけたとはみなされない」とリセ設立の趣旨をみずから明瞭にかたっている。

また、「二六歳でリセを卒業する若者は、母語および古典語の技法だけではなく、弁論術、雄弁術、これらの穏健なまたは熱狂的な使用法を習得しており、手短にいえば生徒はこれらを文学で学ぶ。彼はまた歴史上の主要なできごと、基礎的な地理、および計算法と計測法を理解している。彼は、もっとも顕著な自然現象および固体と流動体にかんする均衡と運動の原理について一般的な常識を身につけている」とエリートの基礎的教養に言及している。

（これは余談であるが）かつてフランスの植民地であったインドシナ（ラオス、ベトナム、カンボジア）にはフランス同様のリセ（高等学校）があり、フランス語でフランス式の教育がおこなわれた。リセ卒業後、エリート階級はフランスへ留学して高等教育をうけた。ラオスやベトナムでは現在もリセが存続しているようだ。ナポレオンが創設したリセの広がりと影響力の大きさを思うべし。

もし彼（※リセの卒業生）が軍事科学、工学、あるいは砲術の分野にすすみたいと希望するのであれば、彼は数学の専門学校、エコール・ポリテクニクへ進学する。
（ナポレオン書簡集一五巻）

軍隊の規模が大きくなり、技術がいちじるしく進歩し、近代戦遂行のために軍事部門における指導者の養成が急務となり、ナポレオンは一七九四年に国民公会によって創設された高等職業教育機関エコール・ポリテクニクを砲兵・工兵のための陸軍砲工学校にかえた。サン＝ジェルマン＝アン＝レイに騎兵学校を、また士官候補生を養成するために一八〇二年フォンテーヌブローに士官学校を創設した。士官学校は一八〇八年にサン＝シールに移転し今日にいたっている。

ナポレオンが直接指示した砲工学校規定（一八〇一年六月）によると、砲工学校の修学期間は二年間で、四期各六ヵ月で履修するカリキュラムだった。

第一期は歩兵大隊教練、野砲・攻城砲の操砲訓練、砲兵・工兵に必要な知識の習得。

第二期は射撃術の完全習得。

第三期は水力建築学、民事建築学、軍事建築学、要塞建築など。

第四期で火器弾薬、地雷、築城などすべてを復習し、砲兵・工兵に必要な教育訓練を完成する。

ナポレオンは射撃術が最大の関心事であると強調し、「軍事学におけるこの分野すなわち射撃術は数理科学の一部に分類され、知識のみではその価値は分明ではないが、実践することによって明確になる。この機械工学の課程を修了した学生は、彼らが理解し応用すべき知識の大半を習得する」と砲工学校卒業生に大なる期待をよせている。

筆者自身にも経験があるが、学校を出たばかりの新品将校が即戦力になることはなく、それなりのウォーミングアップが必要で、ナポレオンもこのことをよく理解していた。

学生がすぐ役に立つとはだれも思わない、卒業生をただちに射撃中隊または攻城砲部隊に配置すべきではない。部隊配属と同時に、彼に新兵教育を担当させ、操砲、歩兵教練、および機械操作を教育させることが適切である。砲架の据えつけができない、砲の操作ができない、爆薬の調合ができない、そしてベテラン下士官からバカにされる、このような将校がたくさんいることを見て見ぬふりをしていないか？

卒業生（新品将校）が砲の照準を兵士より正確にできれば、彼がうけた学問の正当性すなわち教育の効果にだれも疑問をいだかない。古参下士官が教えることは何もないと納得すれば、彼らが若い士官に嫉妬《しっと》することはない。

（ナポレオン書簡集三一巻）

戦場における大量の野砲の集中運用は、ナポレオン式戦闘方式の切り札のひとつであるが、このことは、グリボーヴァル・システムというハードと陸軍砲工学校（エコール・ポリテクニク）卒業の優秀な人材というソフトがあいまっての成果なのだ。

エコール・ポリテクニクは、国家につくす人材（エリート）の養成という原点を維持しながら今日にいたっている。まさに国家百年の大計で、軍事を排斥する視野狭窄《きょうさく》なわが国の大学や学界とは雲泥の差であり、うらやましいかぎりである。

昭和三十一年（一九五六）九月十日、槇智雄《まきともお》（初代・防衛大学校長）がパリのカルチェ・ラタンの一角に所在したエコール・ポリテクニクを訪問している。三浦半島の小原台に防衛大学校を開設した三年後のことである

エコール・ポリテクニクは一七九四年に設立され、一八〇五年にカルチェ・ラタンに移駐して今日に至る。その前身は遠く一四世紀に建立された「ナヴァール学院」である。建物の正面に「祖国のために、科学と栄光を」という格言が歴史記念物として掲げられている。学校は陸軍に属し、その卒業生は砲工兵科の職種に就くものとするのが、一般の通念となっているが、学校履修者は必ず軍人を職務とすると定まっているのではない。この意味では、学校は軍学校ではない。出身者の行き先は独り陸軍に限らず、海空軍はもとより、広く政府官庁の技術職であり、「数学、物理、化学の知識を必要とする」職域とされている。

（槇智雄著『米・英・仏士官学校歴訪の旅』甲陽書房、一九六九年）

当時の学生は、入学とともに、全員志願兵として兵籍に入り、三年間の兵役に服した。二年間は校内に居住して学修生活をおくり、学業終了時に少尉に任官し、残りの一年間が部隊生活だった。終了後に中尉に任官して軍に入るかまたは他官庁に職を得るかが決まり、そして六年間の義務年限が課せられていた。

学修生活の二年間は解析、幾何、力学、応用数学、物理、化学、天文、歴史・文学、経済学、建築、外国語などの基礎学を学び、任官後に各種の上級技術学校に進学する。槇智雄が訪問した当時のエコール・ポリテクニクは、ナポレオン時代の砲工学校のおもかげを色濃くのこしながら、政府の技術職の人材養成という方向が明確になっていた。今日のエコール・ポリテクニクは、国防省の管轄を維持しながら、公務の技術者養成という面がより鮮明になっている。

話題をナポレオン時代にもどす。

工兵には土木工兵、地雷工兵、架橋工兵、および地理工兵があり、いずれも専門的な高度の知識と技術が必要とされ、工兵部隊は独立部隊として編成されていた。ただし工兵は独立した兵科ではなく砲兵科の一部門で徒歩砲兵連隊に所属したが、工兵部隊そのものは砲工学校を卒業した工兵将校が指揮した。

工兵の仕事をおおざっぱにいえば、永久橋および半永久橋の建設、および築城と野戦築城に限定される。測量技師は、えりぬきの将校で構成する小規模な独立参謀で、地図の作成および関連業務の責任を有した。ヨーロッパにはライン河、ドナウ河をはじめ大河が多く、工兵の架橋能力が軍隊の移動に重大な影響をあたえた。ナポレオン戦史には、ベレジナ河渡河などフランス軍ポントン橋大隊の献身的な行動が数多く記録されている。

一八一二年十一月二十五日、モスクワから退却したフランス軍の残兵五万人（非戦闘員も含む）が、氷の浮く激流のベレジナ河にたどりついた。氷点下二〇度もの酷寒で、唯一の橋はすでに焼却され、周囲には、対岸を含めて、クトゥーゾフのロシア軍一八万人が待ち構えていた。

ステュディアンカ近くで、ナポレオンは工兵隊指揮官のエブレ将軍に対し、氷の浮く川に二脚の橋を架けるよう命じた。その要求は不可能ともいうべきものだったが、皇帝に対する崇高な献身から、三〇〇人のフランス人工兵がその命に従った。自殺行為と変わらぬ無上の英雄的行為で、彼らは凍るような流れに入り、ロープで結んだ木の柱を橋げたとして固定していった。橋床には荷馬車の床板や丸太小屋の壁板をはがしたものを使った。三〇〇人の工兵が、流氷や散発的な砲撃をものともせず、凍るような水に首まで浸かって作業を続け、命を捧げた（多くは凍死した）。たいまつの明かりを頼りに、彼らは夜を撤して作業をした。あぶなげではあるが木製の橋が形を成していき、一一月二六日昼頃には二脚の橋が川に架けられた。そのときの技術や資材を考えると、奇跡ともいえる芸当だった。

（エリック・ドゥルシュミート著、高橋則明訳『ウェザー・ファクター』東京書籍）

橋が破壊された二十八日午後（氷点下二八度）までに、対岸へ渡ることができたのは二万二〇〇〇人だった。橋は二度崩落し、兵士も民間人も馬も川に落ち、そのつど、工兵が水に浸かって橋を修理した。墓碑銘もない工兵たちの勲《いさおし》が今日に語り継がれている。

（これも余談であるが）明治五年四月第二次フランス軍事顧問団一六人が横浜に到着した。一行のなかにルボン砲兵中尉（後に大尉）がいた。彼は一八六四年十一月一日、一九歳でエコール・ポリテクニクに入校、卒業後、十一月一日に陸軍砲工学校に尉官学生として入校、同年十一月九日付で中尉に昇進、一八七〇年八月二十三日に一等中尉として第八砲兵連隊付となり、プロシア・フランス戦争（普仏戦争）に参加している。

来日後の彼の最初の仕事は造兵司（造兵廠）の建設で、エコール・ポリテクニクの経歴が生かされている。また彼は砲兵大尉として、千葉県下志津に砲兵射撃場を建設し、わが国にはじめて砲術を伝習したことでも知られている。ここにもナポレオンが創設した陸軍砲工学校の経歴が生かされている。（※この項は篠原宏著『陸軍建設史』リボプロートを参照）

さらに話題は飛ぶが、旧日本陸軍に砲工学校（東京牛込若松町）という日本版エコール・

ポリテクニクがあった。陸軍士官学校を卒業した砲兵科、工兵科の中・少尉は全員砲工学校の普通科学生として入校し、技術兵科の基礎理論を一年間修学し、そのうちの成績優秀者は高等科学生としてさらに一年間学んだ。

高等科修了者の中から優秀者が選抜され、東京帝国大学理学部または工学部に員外学生として三年間派遣され、彼らは陸軍大学校卒業生と同等に処遇され、彼らが日本陸軍の兵器技術の中枢を担った。旧陸軍は明治中期からドイツ式に転換するが、ナポレオンが創設したエコール・ポリテクニクの影響は、わが国でも昭和二十年の敗戦まで生きていた。

第三章　騎兵

ほこり高き重騎兵

騎兵の定義は時代や国によってそれぞれであり、おおむね重騎兵、竜騎兵、軽騎兵の三タイプに分かれる。今日の軍隊とくらべると、重騎兵は集団で襲撃する（機動打撃）戦車部隊のイメージ、竜騎兵は乗馬戦を基本とするが限定的な徒歩戦も可能で、機械化歩兵部隊のイメージ、軽騎兵は偵察、警戒、追撃、散兵など軽快機敏な行動に適し、車両化偵察部隊のイメージだ。ただし、これらはあくまでイメージであって、厳密な区分ではない。

余は重騎兵の教育訓練にかんして言及したことはほとんどない。この重要な役割を担う兵種は現状以上の訓練をおこなう必要があるとの認識はない。訓練はあらゆることを可能にする。アウステルリッツ会戦におけるプロシア軍騎兵は勇気を欠いていたわけではないが、それでも彼らはほとんど全滅し、余の近衛騎兵は一兵たりとも損じなかった。重騎兵はほかのあらゆる騎兵以上により大きな役割を担っている。余の意図は、重騎兵は常時戦時編成で、技量（※戦技）を最高度に維持し、重騎兵は大男で、同時に、馬も大型でなければならない、ということ。

（ナポレオン書簡集第二、一四、一八巻）

重騎兵は、銃剣付カービン銃、ピストル二梃、および直刀サーベルを装備する。拳銃ホルダーのまわりに一五発の弾薬を携行し、弾薬盒《だんやくごう》は携帯しない。徒歩戦をおこなうときは、パーク（駐馬場）で追加の弾薬を一五発うけとる。

重騎兵は軽騎兵および竜騎兵を支援する予備として運用される。戦闘惨烈の決定的な局面もしくは竜騎兵を増援する場面以外では、前衛、後衛、あるいは側衛として運用されることはない。重騎兵は最後の切札で、動かざること山のごとく、サイレント・プレッシャーとして敵に無言の圧力をかける。

重騎兵の本領は集団乗馬襲撃による衝撃行動（ショック・アクション）すなわち破壊力にある。人馬一体となった重騎兵が、ときの声をあげ、サーベルをかざして、地ひびきをたて、ほこりをまきあげ、一団となって突進する効果は絶大である。

隊形を維持するためには安定性と統制の容易性から、襲撃のはじめから終わりまでシャー

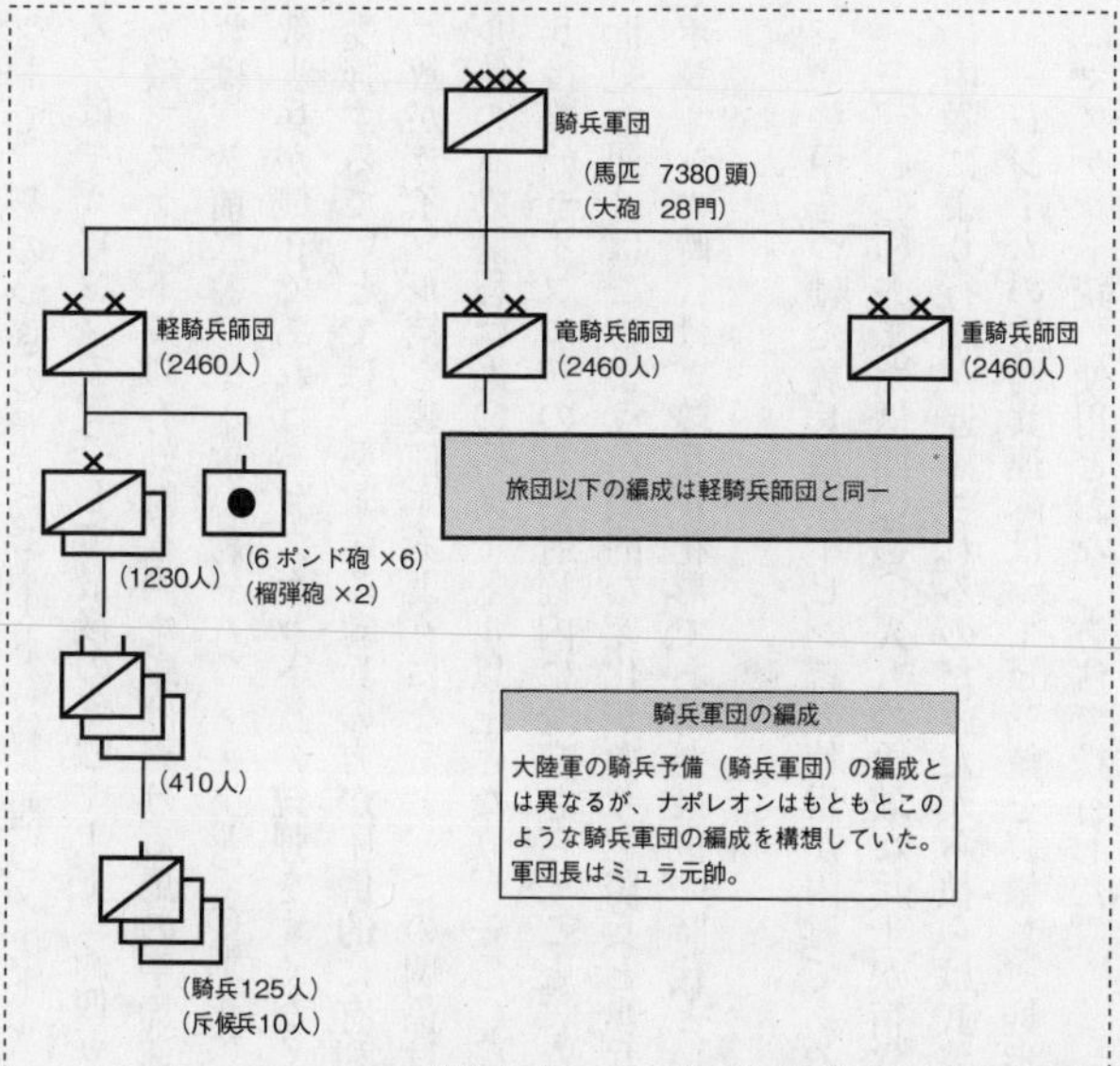

騎兵軍団の編成
大陸軍の騎兵予備（騎兵軍団）の編成とは異なるが、ナポレオンはもともとこのような騎兵軍団の編成を構想していた。軍団長はミュラ元帥。

（出典：Jay Luvass／『NAPOLEON ON THE ART OF WAR』）

プ・トロットをこのむ指揮官もいたが、突入するまでに馬を消耗させないように、過早にギャロップへ移行しないという判断がもとめられた。また、襲撃後すばやく部隊を集合させるためには、指揮官の統率力と部隊の規律遵守が不可欠である。

騎兵戦術は衝撃行動すなわち刀と槍による乗馬襲撃を基盤とする。乗馬襲撃は段階的に速度を上げて実施する。

襲撃距離が六〇〇ヤード（約五四〇メートル）の場合、まず二〇〇ヤード（約一八〇メートル）をスロー・トロットで、つぎの二〇〇ヤードをフル・トロットで、そのつぎの一五〇ヤード（約一四〇メートル、敵のマスケット銃の有効射程内に入る）はギャロップで、そして最後の五〇ヤード（約四五メートル）を全力で疾走する。敵マスケット銃の有効射程内を駆けぬける馬の平均速度を分速一二〇〇メートルと仮定すれば、敵前二〇〇ヤード（約一八〇メートル）の通過に必要な時間はおよそ九秒、この間、敵歩兵が健在であれば、マスケット銃の銃弾をすくなくとも一発はあびる。とはいえ、一発受弾するていどでは、襲撃する騎兵の方が圧倒的に有利といえる。

敵がライフル銃を装備するようになると、この関係は劇的に変化する。すなわち、ライフル銃の有効射程は九〇〇メートル以上となり、一〇〇〇メートルの距離から襲撃しても、騎兵は終始ライフル銃の有効射程内に身をさらすことになり、襲撃自体が成り立たない。一九世紀中期にはこのような劇的な変化があり、騎兵と歩兵の力関係が逆転した。すなわち、ナポレオンの時代は、騎兵が花形であった最後の時代といえる。

胸甲《きょうこう》をつけた騎兵はカービン銃の使用が困難であることを認めるにやぶさかではないが、三、〇〇〇人または四〇〇〇人もの勇敢な兵士が宿営地で奇襲され、または遊撃兵の二個中隊により行軍が遅滞されるのだ。だから彼らは武装することが重要なのだ。アンシャン・レジームの重騎兵連隊はカービン銃を装備し、軽歩兵のように背中にせおうのではなく、マスケット銃の使用とおなじ方法で携行した。

騎兵部隊の乗馬襲撃の一例

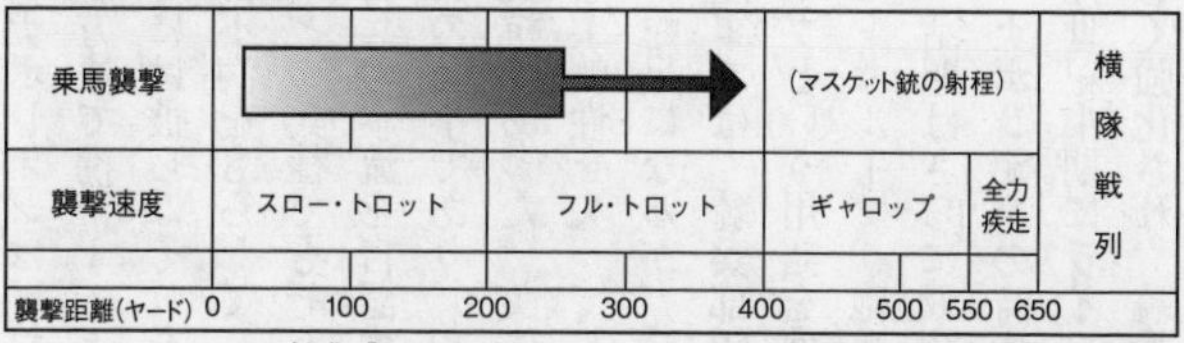

（出典：『A Military History and Atlas of Napoleonic War』米陸軍士官学校教程）

余は、貴下が騎兵将校で構成する委員会を作って、この問題（自己防衛）を解決することを期待する。余は、三、〇〇〇人もの精鋭な騎兵部隊が、パルチザン軽部隊の反乱や襲撃で全滅させられ、あるいは小流や家屋の背後からの少人数の狙撃手による射撃で、行軍が阻止されるといった事態を見たくないのだ。

三、〇〇〇人の兵士は、宿営地では友軍歩兵に依存せずにみずから防護し、とるに足らぬ少数の敵歩兵部隊に阻止されたときは馬から下りてこの敵を撃破すべきである。戦争では予期しないできごとがおきる、一五、〇〇〇人の重騎兵はこのような方法（徒歩戦）で四六時中みずからの手で自己防衛すべきである。

（クラーク将軍への指示、一八一一年一一月一二日）

強力な重騎兵にもおもわぬアキレス腱があった。パルチザンについては別途（第七章）記述するが、こわもての重騎兵もゲリラには弱かった。クラーク将軍への指示はロシア侵攻の半年前で、無敵をほこったナポレオン軍も、スペインやチロルなどでパルチザンのゲリラに手をやいており、騎兵もひとり例外とはいえなかった。

ナポレオンは、マスケット銃または短銃身のカービン銃を、重騎兵にとってもっとも便利な方法で携帯するよう指示した。カービン銃はすでに重騎兵部隊に交付されていたが、「平時には彼らはそれを拒否し、最近の戦役ではそれをいっさい使用していない」とナポレオンは不満をもらして、クラーク将軍にあらためて是正を要求したのである。

どの兵種でもそうだが、各兵種にはそれぞれ独特の美学があり、またそれをほこりとする。騎兵の本流を自認する重騎兵にとって、馬上でサーベルをふるって集団襲撃することこそ騎兵の美学であり、やぼったい歩兵とおなじようなマスケット銃を携帯することには本能的な抵抗があった。美学は生きざまにつうじるが、こだわりすぎると頑迷固陋《がんめいころう》となって、精神的な柔軟性を失ってしまう。

蛇足になるが、騎兵部隊の大隊はスコードロン、中隊はトゥループと呼称する。今日の米陸軍では、騎兵部隊に由来する戦車部隊や偵察部隊などでは伝統的にスコードロンやトゥループという用語を使用している。（老婆心ながら）おなじ中隊でも、歩兵はカンパニー、騎兵はトゥループ、砲兵はバッテリーと呼称する。

話題はさらに飛躍するが、騎兵の今日的な意義を考えてみたい。

ナポレオンの時代は、騎兵の破壊力は歩兵の火力（マスケット銃）にまさっていたが、一九世紀中期にライフル銃が本格的に使用されるようになると、小銃の射程と威力がいちじるしく強化され、騎兵と歩兵の立場が逆転した。

一九世紀後期ころに内燃機関が発明され、戦車が重騎兵の役割を担うことが可能になった。第一次大戦後、西欧では、騎兵が戦車兵に転換することが一般的であった。ところが、旧日本陸軍では、騎兵科が戦車の運用を拒否し、白兵主義の歩兵科が戦車を運用することになり、結果として日本軍の戦車は世界のすう勢からはるかにおくれた。

騎兵には、軍の決勝兵種としての有史以来のながい伝統がある。古来、殲滅戦の範例といわれるハンニバルのカンネーの戦役から、フリードリヒ大王やナポレオン一世の時代にいたっても名将の事績は、すなわち騎兵の編制やその運用、戦闘の実績である。普仏戦争（一八七〇―七一年）となると、すでに火器の威力が乗馬集団の白兵強襲をゆるさなくなり、決勝兵種から捜索、警戒兵種に転落していたのであるが兵科としての伝統は伝えられていた。

大戦後ヨーロッパ各国でも、騎兵が一挙に機械化されたわけではない。カッコいい馬上から油くさい運転席に移るなど、どこの国の騎兵でも簡単に納得するわけはない。多くの紆余曲折があって変身していったのだが、このころ機械化の方向にあったことは間違いない。しかし日本の騎兵は、これに耳をかそうとはしなかった。

こうして、軍機械化の基幹になりうる潜在的能力をもつ一兵種である騎兵は、ヨーロッパ列強の趨勢に背を向けて、鞍にしがみつき、頑として機械化への道をすすもうとはしなかった。そして、日本陸軍には、歩兵と歩兵直協戦車からなる機械化部隊が、まず誕生することになったのである。

（加登川幸太郎著『帝国陸軍機甲部隊』白金書房）

大型馬の有効性は消滅したが、集団乗馬強襲による破壊力すなわち重騎兵の美学＝思想は、現代の機動戦理論のなかに生きている。近代機動戦理論の創始者J・F・C・フラーは、「装甲車両同士の戦闘では騎兵の役割はないが、騎兵という思想は機械化戦においても重要であるということを決してわすれてはならない。その理由は、機械化戦（の効力）が歩兵戦を上回り、機甲部隊がかつての騎兵のように機動して戦場をふたたび支配するようになったから」としている。

フラーは「戦車という思想の後継者にふさわしいのは騎兵の兵士たち」と断言している。フラーは「馬の代わりに戦車を」という物体ではなく、思想の継承すなわち騎兵が実践してきた形而上《けいじじょう》の理念・考え方の継承をいっている。騎兵は、古来、敵情偵察、主力部隊の掩護、決勝点における打撃、追撃などの広範な役割を担ってきた。フラーはこの基本的な考え方を基礎として、機動戦理論を確立したのである。

現米海兵隊の戦闘ドクトリンの一節「機動戦とは、大胆な意志、知性、独断、そして沈着冷静な好機主義から生じる心の在り様である。敵をマヒさせ、混乱させ、敵の強みを回避し、敵の弱みに迅速かつ主動的につけこみ、最大の損害をあたえる方法で打撃して、敵を精神的にかつ物理的に打倒しようとする精神状態をいう。（MCDP 1『Warfighting』）」などは、フラーの機動戦理論の進化そのものである。（傍点は筆者が付記）

フラーの『一九一九年計画』（軍隊の機械化を提唱する斬新な青写真、軍事思想を凝縮した啓蒙書、古典的戦争理論に対する革命的論文）を源流とする機動戦という思想は、百年あまりの歳月をへて進化し、限定された戦場という空間における機動戦闘の枠《わく》をこえて、心の在り様・精神状態といった賢明に戦うための根本原理にまで洗練されている。

二刀流の竜騎兵――歩兵か騎兵か？

現代フランス陸軍第三機甲師団の指揮下部隊に、特殊武器（NBC）防護を任務とする〝第二竜騎兵連隊〟がある。創隊はとおく一六世紀にさかのぼり、一七九一年に第二竜騎兵連隊となり、ウルム会戦からワーテルロー会戦まで、ナポレオン戦争のほとんどに参加した伝統をほこる連隊である。二〇〇五年に特殊武器防護連隊となり今日にいたっている。兵種は機甲であるが、伝統的に騎兵に区分される。

竜騎兵とは、火器（火縄銃、マスケット銃）を装備する歩兵のことをいい、馬に乗って移動する乗馬歩兵、すなわち歩兵が本来のすがたである。竜騎兵は国によりさまざまな使われ方をしたが、フランスでは集団乗馬襲撃を本分とする重騎兵と、なんでも屋の軽騎兵の中間に位置づけられ、乗馬戦も徒歩戦もおこなった。
ナポレオンは「竜騎兵は、前衛、後衛、および側衛に任ずる軽騎兵を支援する必要がある」と述べ、退却の場合「一六〇〇人の竜騎兵を擁する師団は、軽騎兵の馬一五〇〇頭である地点まですみやかに移動でき、下馬して橋梁、隘路の尖端（出口、入口）、または緊要地形を防護し、歩兵が到着するまでそこを確保する」と竜騎兵の具体的な運用イメージを明示している。

竜騎兵師団は、コンピーネおよびアミアンで英国遠征のために馬なしで乗船するために集結していた、彼らは現地（英国）で馬を供給される予定だった。この師団を指揮した将軍は竜騎兵師団を歩兵とみなして、多数の徴集兵と一体化して歩兵としての機動だけを訓練した。その結果彼らはもはや騎兵連隊ではなかった。一八〇六年の戦役では、彼らはイエナ会戦のあとでプロシア軍から捕獲した馬に乗るまでは——四分の三は不適合——徒歩で戦った。この混合編成が竜騎兵の特性をそこなったのだ。

（ナポレオン書簡集第三一巻）

竜騎兵は一七九五年、一七九六年、一七九七年のイタリア戦役で、またエジプト戦役で騎兵としてもうしぶんない戦果をあげた。であるが、一八〇六年および一八〇七年の戦役（※イエナ、エイロウの会戦）において、竜騎兵は騎兵としての価値はないとみなされた。このことは、竜騎兵自体の責任ではなく、とうぜんながら用兵側にある。

竜騎兵は騎兵か歩兵かというなやましい問題があるが、大リーグで活躍している二刀流の大谷翔平選手の例に見られるように、うまくいけば、ひとつの部隊が歩兵部隊および騎兵部隊の両部隊を兼ねているような大きなメリットがある。反対にうまくいかなければ、歩兵も騎兵も中途半端ということになりかねない。

ナポレオン軍においても馬で移動する歩兵への復帰――本来の竜騎兵のあり方――をもとめる声が大きかったようだ。ナポレオン自身も一八〇六年に兄のジョセフに対して「竜騎兵を歩兵としてあつかい、高速で移動できるようにすべし。竜騎兵をひとりの指揮官のもとで、日々徒歩戦闘訓練をおこない、卓越した歩兵として錬成すべし」と要求している。ナポレオンには〝高速機動歩兵〟のイメージがあったようだ。

騎兵は歩兵以上に隊形を保持して戦うことが必要であるが、とくにスペイン戦線における対ゲリラ行動のように、騎兵も歩兵同様に散兵戦がもとめられた。ただし、竜騎兵は散兵を正規に指示されたことはなく、状況に即応して、下馬して徒歩で、および乗馬したままで散兵戦をおこなうというのが実態であった。

●歩兵として散兵戦をおこなうときは、二人がペアとなり、八〜一〇ヤード（七〜九メートル）はなれて相互支援し、ひとりが再装填する間はもうひとりが掩護する。散兵線を構成するときは二列となり、前列の射撃後に後列が前に出て射撃し、この間に前列が再装填する。
●この場合でも、将校および上級下士官は乗馬したままである。
●下馬した兵士の馬は、散兵線のおよそ一〇〇ヤード（九一メートル）後方の敵の射程外に待機させる。この場合は必然的に馬の世話をする人員の配置が必要となり、部隊の戦力は最低限でも二五パーセント減少する。
●騎兵として散兵戦をおこなう場合は、基本的には歩兵の場合とおなじであるが、竜騎兵の馬の間隔を五ヤード（四メートル）はなす。
●地形がゆるす場合は、射線のしかるべき後方に乗馬予備を待機させて、散兵の支援あるいは散兵の離脱を掩護させる。

竜騎兵は乗馬時には鞍にまたがったまま射撃（騎射）するが、発射時の火花で馬がおどろかないように馬の頭の右側から射撃する。これとは反対に射撃容易な左側で射撃するという説もあり一定ではない。銃に装填する場合は、槊杖《さくじょう》（弾薬を銃口に押し込む鉄の棒）が落ちないようにストラップをつけるなど各種の工夫が必要だった。

竜騎兵が馬から下りて歩兵部隊として行動する場合、歩兵用のゲートル、弾薬箱、ナップサック（背嚢）、弾帯など歩兵・騎兵両装備の混用となる。下馬した竜騎兵は通常サーベルを携帯しないが、銃剣は銃に装着する。

ナポレオン帝政時代初期の戦役における竜騎兵連隊の活躍はパッとしなかったが、スペイン戦争では顕著な業績をあげている。スペイン戦線では、竜騎兵はフランスから派遣された唯一の重量級の騎兵で、戦場における乗馬襲撃から輸送部隊の護送、パトロール、および対ゲリラ行動までのあらゆる任務をこなした。

竜騎兵の二刀流成功要因のひとつが主要銃ドラグーン・マスケット銃で、通常の歩兵銃（九一一三式）――銃身の長さ一・二八メートル――より銃身が一〇センチ短かった。この銃は歩兵の散兵も使用したが、非常にあつかいやすかったようだ。

下馬した竜騎兵が軽歩兵として正規の歩兵と遜色のない戦果をあげ、竜騎兵の用途の広さを証明した戦例がある。一八〇九年一月十六日、スペイン戦線のコルーニャで、フランス軍騎兵指揮官アルマン・ウーゼエ将軍指揮下の三個竜騎兵連隊は、フランス軍左翼に対するイギリス軍予備師団の前進を阻止するという戦果をあげている。

戦場の地形は崖や溝で分断され騎兵の機動に不利で、英軍師団長は、フランス軍騎兵は乗馬襲撃できないと判断して、方形陣――対騎兵戦術の原則――を形成することなくフランス軍を一斉射撃で撃退しようとした。一方のウーゼエ将軍は、騎兵戦術は現実的でないと判断し、竜騎兵に下馬を命じ、全員をあたかも散兵戦の狙撃手のように散開させ、英軍よりはるかにすくない兵力で英軍の前進を阻止し、竜騎兵の徒歩戦の有効性を印象づけた。

華麗な軽騎兵

ナポレオンの軍隊では猟兵（シャスール・ア・シャヴァル）、驃騎兵《ひょうきへい》（ユサール）、および槍騎兵（ランシエ）が軽騎兵に区分される。

猟兵と驃騎兵はカービン銃、ピストル、およびサーベルを装備し、通常はサーベルで戦闘するが、騎射も可能で、状況により限定的な徒歩戦もおこなう。槍騎兵も軽騎兵として運用され、雨天でマスケット銃がしめる場合は槍が敵歩兵に対して効果的だが、騎兵同士の乱戦時に槍はサーベルに対して不利だった。

現代のフランス陸軍に、これら伝統的な名称——象徴的なものだが——を冠した部隊がいくつか存在する。第二機甲旅団の指揮下に、〝第一六猟兵大隊〟がある。AMX-10P（二〇ミリ機関砲を搭載した歩兵戦闘車）を装備する機械化歩兵部隊。一九世紀中期に創設され、クリミヤ戦争、プロシア・フランス戦争（普仏戦争）などに参加している。

参謀本部支援部隊に〝第四驃騎兵群〟という後方支援部隊がある。一七九一年に第四驃騎兵連隊となり、ナポレオン戦争に参加し、二〇〇〇年に第四驃騎兵群に改編された。兵種はさまざまであるが騎兵に区分されている。

東方のコサック騎兵やハンガリー騎兵などを起源とするユサール（驃騎兵）は、かつては掠奪をおこなう野蛮な連中ときらわれたが、その軽快な行動力が偵察、斥候、襲撃、追撃などに有効であることが認識され、西欧の軍隊でも正規の騎兵として編成されるようになり、ナポレオン時代はその最盛期で花形兵種だった。

シャスールとは猟師すなわちハンターのことをいう。フランス軍のシャスール・ア・シャヴァル（猟兵）は、ナポレオン戦術の特色のひとつである散兵を専門とする部隊で、敵戦列の側面撹乱、山岳戦、狙撃、偵察などに使用され、軽歩兵部隊のエリートである遊撃兵中隊（Voltigeurs Company）などと緊密に協同して行動する。

槍騎兵は槍、サーベル、胸甲、ヘルメットを装備し、重騎兵のミニ版といった印象である。歩兵戦列の後方に配置され、敵戦列の混乱などに乗じて正面から突入することもあるが、通常は敵戦列の背後や側面を撹乱してから突入する。

軽騎兵を前衛として使用する場合、軽騎兵独自に機動できるように大隊、旅団、および師団として編成すべきである。彼らはあたかもチェス盤上の駒のごとく進退し、みずから数線の横隊となり、あるいは縦隊となって、展開正面をすばやく変更して敵部隊の側面あるいは後方に迂回する。総合的に劣勢な前衛および後衛が、敵との決定的なあるいは本格的な戦闘を回避して、友軍主力部隊が到着し、歩兵が展開し、司令官が全部隊を掌握し、段列や補給所が活動できるようになるまで敵を遅滞できるのは、このように柔軟に進退できるからである。（ナポレオン書簡集第三一巻）

軽装備の騎兵は主力部隊からはなれて行動する前衛、側衛、および後衛の任務に不可欠で、歩兵部隊に配属することなく独立的に運用することが一般的である。状況上必要な場合は、第一線騎兵（竜騎兵）の支援をうける。

前衛あるいは後衛部隊を指揮する主眼は、主力部隊の行動に影響をあたえることなく、敵を追跡し、敵との接触を維持し、敵を拘束遅滞し、そして主力部隊の本格的戦闘以前に、敵に三ないし四時間を浪費させ、主力のために時間をかせぐこと。このような任務には、動きが鈍重な歩兵ではなく変幻自在に行動できる騎兵が適している。

軽騎兵——主として猟兵と驃騎兵——は主力部隊の前衛、側衛、後衛となり、偵察（reconnaissance）、前哨（outposts）、騎哨（vedettes）、巡察（patrols）、散兵（skirmishing）、追撃（pursuit）など多様な任務を遂行する。

偵察は、指揮官の目と耳であり、軽騎兵の主要機能のひとつである。

軽騎兵は高速移動部隊として、軍の前進に際して縦隊の前方へ派遣され、また縦隊の側面を掩護する。前衛（尖兵《せんぺい》）は斥候から連隊規模にまでにおよび、軽騎兵は軍団騎兵として、あるいは偵察機能を欠く重騎兵の一部として、主力部隊の前方や側方に展開する。軽騎兵は、高度の通信能力を保有する現代の偵察部隊とは異なり、主力部隊のはるか前方ではなく、主力部隊とすみやかに連絡できる範囲内で行動する。

縦隊、連隊、あるいは同レベルの部隊が尖兵を配置する場合、尖兵からさらに前方や側方に騎兵の小グループを派遣するが、これらはおたがいの視界内で行動することが原則。距離は周囲の地形しだいで、森林のように視認距離が短い場合は縮小する。

前衛（advanced guard）配置の一例

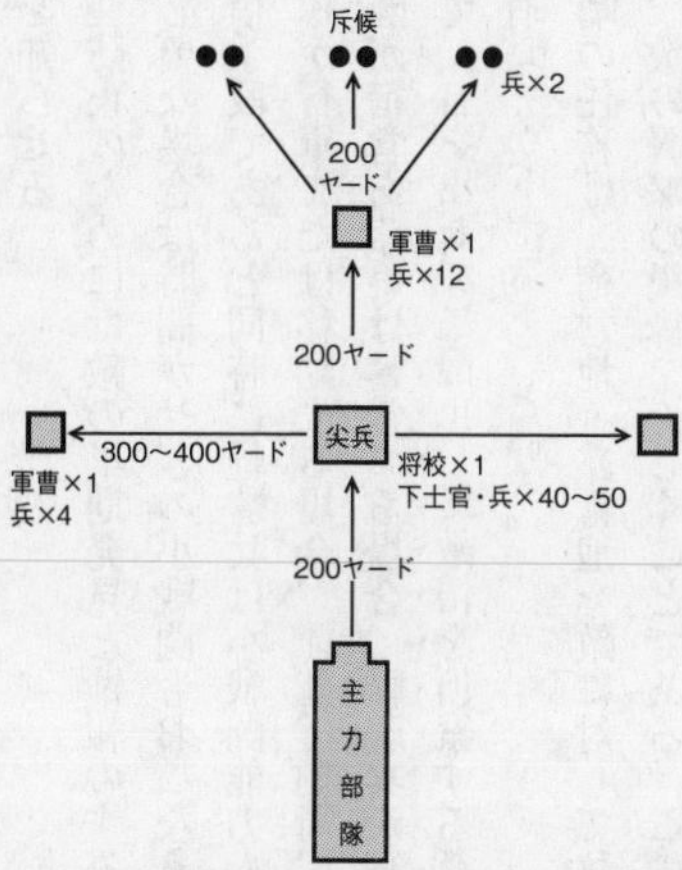

（出典：『Napoleonic Light Cavalry Tactics』Osprey 出版）

尖兵の目的は、敵の早期発見と縦隊の進路の維持で、縦隊の先頭から六〇〇ヤード（約五五〇メートル）前方に配置される二騎の斥候が最初に敵と接触する。彼らは敵を発見するとピストルを発射して二〇〇ヤード（約一九〇メートル）後方の軍曹に知らせる。

軍曹はただちに現場へ駆けつけ、彼自身が直接敵を視察し、彼が見た正確な情報を尖兵長に報告する。さらに尖兵長から縦隊指揮官へと伝えられる。敵接近の可能性がある場合、縦隊指揮官は側衛にこの情報を知らせる。

奇襲防止のためには敵の早期発見と情報のすみやかな伝達が不可欠であり、主力部隊の対応に必要な場合は時間かせぎの小戦闘もおこなう。ナポレオン時代は、騎馬伝令が最も有効な通信手段であると同時に軽騎兵は小戦闘能力もあわせもっていた。

部隊が行軍または移動する場合、前衛、側衛、および後衛は動きながら敵情を偵察する。部隊が宿営あるいは露営する場合、軽騎兵が宿営地あるいは露営地のまわりに警戒の幕をはって（目を出して）静止して敵情を偵察する。このような軽騎兵の警戒幕（スクリーン）を前哨（アウトポスト）という。

前哨の任務は、宿営地・露営地を敵に対して秘匿すること、敵の襲撃にさいして警報を発して、敵の襲撃の鋭鋒をくじくことである。このような任務を完全に遂行するためには、騎兵指揮官の高度な判断力、リーダーシップがもとめられる。練度の高い軽騎兵を前哨として配置できない全体指揮官（司令官）は、夜も安心して眠ることができない。

このような資質をもった騎兵指揮官の典型としてオーギュスト・デ・コルベール少将がよく引用される。イエナ会戦（一八〇六年）において、ネイ元帥（第六軍団長）は「コルベールが前哨を指揮するときはいつも安心して眠れる」と、ネイ軍団の前衛をつとめたコルベール将軍の勇気と優秀性をほめたたえている。コルベール将軍の例とはぎゃくに、前哨の配置や指揮に関心がうすく、敵の思うままに奇襲され、奇襲将軍（いつも奇襲されるとの意味）とやゆされる将軍もいた。

宿営地が敵部隊に奇襲されるのは、明け方の薄明時が多い。この時間帯をうまく利用すれば、攻者は相手に察知されることなく、いっきに宿営地に突入できる。明け方の薄明時は夜が文字どおり暗かった時代に払暁攻撃に最適で、もっとも警戒が必要な時刻である。

前哨から配置される騎哨（veddettes）の一例

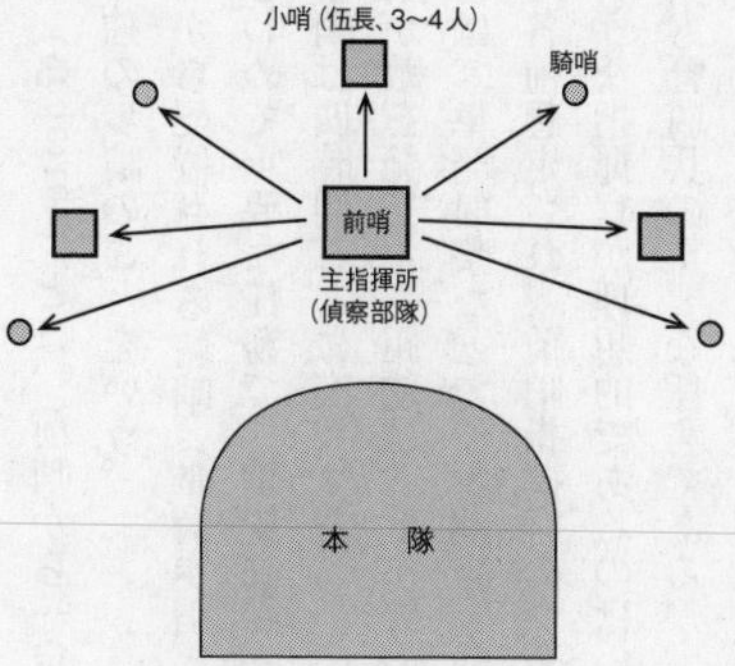

（出典：『Napoleonic Light Cavalry Tactics』Osprey 出版）

一般的に日没と日出をもって昼夜の転換点とするが、日出前に払暁、日没後に薄暮という薄明の時間帯がある。地平線下の太陽光線が上層の大気に反射され、地表の明るさは刻々と変化する。薄明は三段階に区分される。

第一薄明の終わりから第二薄明の半ばごろまでは、視認距離がゼロから急速にのびて数キロになる。この時間帯がＢＭＮＴ（beginning of morning nautical twilight）で、暗視装置が一般的に使用される以前は、戦術的に重要な時刻だった。筆者の青年幹部時代（昭和四十年代）は、夜の暗さはナポレオン時代とほとんどかわらなかった。

騎哨（vedettes）とは、前哨から一定の距離に配置される小哨（伍長、三～四人の兵）および単独の歩哨のことをいう。

前哨から配置される騎哨（単騎歩哨・小哨）は、宿営地・露営地が奇襲されることを防止するきわめて重要な任務で、精鋭部隊が配置されるゆえんだ。夜間では単騎歩哨は一時間ごと、小哨は四時間ごとに交代する。

騎哨が敵を発見する距離は、敵小銃の射程外二〇〇ヤード以上がのぞましく、敵を発見した場合は、単発射撃などで偵察部隊（軽騎兵）の主指揮所に知らせる。敵の攻撃は欺騙をふくめて各種想定され、前哨指揮官の沈着冷静な判断および処置が重要となる。コルベール少将のような指揮官が理想的であるのはいうまでもない。

散兵も軽騎兵の重要な任務であるが、カービン銃やピストルは射程が短く、騎射もあまり効果的ではなく、敵に対する攻撃というよりはむしろ示威の意味合いがつよかったようだ。散兵にかんしては第一章を参照されたい。ナポレオン戦術を特色づける散兵とは、あくまで軽歩兵がおこなう散兵のことである。

現代の戦術でも追撃の重要性はとくに強調されるが、追撃の困難性もまた同時に指摘されるところである。戦場で敵を撃破しても、攻撃部隊もすでに疲労困憊《こんぱい》しており、追撃をおこなうだけの余力がないということもまた事実である。戦史においても追撃が成功した例はきわめて少ないというのが実態である。

追撃には戦場追撃と戦場外の追撃がある。軽騎兵はこのような追撃に理想的な兵種であり、このことを実証する著名な戦例がある。

一八〇六年十月、ナポレオン軍はイエナ・アウエルシュタットでプロシア軍を撃破し、徹底的な追撃を敢行して、十一月中旬までにプロシア軍を完全に撃滅した。この追撃には騎兵以外の部隊も参加したが、軽騎兵が決定的な役割を演じた。

イエナ・アウエルシュタットの敗北により、プロシア軍の大半の兵士および指揮官たちは士気を失っていたが、フランス軍はその後三週間にわたって機動、強行軍、および小規模戦闘をおこない、一四万人の捕虜を獲得した。この追撃戦でもっとも大胆なエピソードをのこしたのは、ミュラ騎兵予備軍団の一部、アントニ・ラサール将軍が指揮する軽騎兵旅団（第五驃騎兵連隊・第七驃騎兵連隊）であった。

ラサール将軍は、部隊の先頭に立ってシュチェチン要塞（※ポーランドの都市）に至り、防者にはラサール軽騎兵旅団の二個驃騎兵連隊をはるかにこえる兵力があったが、将軍は騎《き》虎《こ》のいきおいで、断固として、要塞守備部隊に降伏要求をつきつけた。十月二十九日、守備部隊は抵抗をこころみることなく開城した。

ナポレオンは「捜索兵」という特殊な部隊を編成している。

ナポレオン戦争は、当初の防衛戦争の性格からしだいに侵略戦争の様相をおび、国外に占領地がふえると、占領地の治安の維持が重要な課題となった。

一八〇二年、ナポレオン（第一統領）はイタリアのトリノに駐留する第二七師団に、捜索兵部隊——歩兵二〇〇人、騎兵六〇人、憲兵三〇人で構成——を三隊創設した。この新編成の部隊は治安警察部隊で、パトロール（巡察）をおこない、反徒など抵抗勢力（レジスタンス）の情報収集、武装解除および逮捕などが任務であった。

一八〇六年、ナポレオン（皇帝）は四個捜索兵連隊——各連隊は二〇〇人からなる騎兵大隊四隊で構成——の編成を命じた。ナポレオンはいつものとおり「捜索兵の身長は五フィート（約一メートル五〇センチ）をこえないこと。馬高はせいぜい三フィート（約九〇センチ）から四フィート三・五インチ（約一メートル三〇センチ）とする」などこまかいことを指示している。

この新規の捜索兵連隊は小型の馬を使用した。

この部隊の馬は屋外で飼育し、オート麦ではなく牧草を食わせる。このような馬であれば、フランス軍は年間の八～九ヵ月は馬を使用でき、ためしてみる価値があるとナポレオンは自賛している。さらに、このサイズの馬はいつでもどこでも見つけることができ、そして野戦ではこのような部隊はあらゆる種類の馬に乗りかえることができる、とその利点を強調している。ヨーロッパのどこにでもいる小型馬を効果的に使おうという発想だ。

ナポレオンは、この新編成の結果、身長五フィート以下で竜騎兵には小柄すぎる兵士すなわち捜索兵を、軽歩兵部隊ですでに使用されて成果をあげている遊撃兵中隊とおなじように、エリート部隊として使用する考えであった。

では、彼はこの部隊をどのように運用したのか？

ナポレオンは「これら連隊は、欧州各国の軽騎兵およびフランスの軽騎兵がおこなっている捜索兵と同一の任務を遂行する」と明示している。とはいえ、軽騎兵の猟兵、驃騎兵、および槍騎兵とは異質の、特殊な騎兵部隊と解すべきであろう。

将校、下士官、および兵は、捜索兵を擲弾兵および遊撃兵として使用する少佐（※歩兵大隊長）の意図にしたがって、下馬および乗馬行動する。捜索兵を騎兵の機動部隊として使用することはない。その理由は彼らの小型の馬が機動にてきしていないからだ。身長五フィート一インチ以下で、かつ洞察力にすぐれていても、遊撃兵としてすくなくとも一年間服務したことのない兵士は、何人《なんぴと》も、捜索兵中隊に配置されることはない。

捜索兵は歩兵大隊の一部で、いつでも歩兵将校の指揮下で動く。彼らは、襲撃または追撃後に一時的に騎兵と再結合できるように尉官が指揮するが、彼ら尉官は騎兵の大尉以上の階級ではない。捜索兵は歩兵大隊とともに機動し、歩兵大隊から分離することはない。

（捜索兵連隊の編成に関する覚書6/7/1806）

捜索兵は広義の意味で騎兵であるが、本来の騎兵の任務である指揮官の耳目としての偵察および機動打撃としての襲撃ではなく、捕虜の護送、輜重隊（補給縦隊）の防護、緊急時の補充部隊など多様な任務に使用された。騎兵師団あるいは騎兵軍団が一体となって全面的に展開する場合、捜索兵連隊が主力部隊の前方に散開していわゆる散兵として使用される。

ナポレオンは、すべての部隊を均一な兵士で構成するのではなく、ひとにぎりのエリート兵士を選抜して彼らを独自に活用した。では、軽歩兵連隊の「遊撃兵中隊」と捜索兵連隊の「捜索兵中隊」はいったい何がちがったのか？

遊撃兵中隊は、基本的に徒歩で行動し、ときにはトロットで騎兵に続行し、ときには馬の後部にとびのって移動する。捜索兵中隊は乗馬行動を基本として乗馬戦または徒歩戦をおこなう。

第四章　大陸軍（グランド・アルメ）

マレンゴ会戦は近代的作戦の香りがする

国に軍事組織の中核をなす幹部（cadres）が存在しなければ、軍隊の編成はきわめて困難である。フランスが一七九〇年に軍隊の召集を大胆におこなうことができたただひとつの理由は、貴族主義からの脱皮が社会の悪化をまねくよりはむしろ良くなる、という確固とした社会基盤があったからである。

（ナポレオン書簡集二四巻）

軍事組織の中核をなす幹部とは、将校と下士官を一まとめにする総称である。幹部（将校と下士官）がすでに存在し、兵士をあらたに召集すれば、軍隊という形は成立する。このような軍隊を精強にする方策はふたつしかない。すなわち第一が実戦をつみかさねること、第二が訓練を徹底しておこなうこと。

自衛隊では幹部自衛官＝将校となっているが、これは国際的な軍隊の標準と合致しない。旧陸軍時代には幹部＝将校＋下士官と明確に定義していたが、自衛隊草創期に幹部の範囲をせばめた（下士官を除外）のは、何らかの政治的配慮もしくは意図があったか？

フランス革命（一七八九年）直後のフランス軍は、アンシャン・レジームの軍隊と一般市民からの義勇兵・召集兵が混在するという異質の軍隊だった。このような軍隊をヨーロッパ第一の精強な軍隊へと変質させたのがナポレオンである。

フランス軍は、第一次イタリア遠征（一七九六年）およびエジプト遠征（一七九八〜一七九九年）をつうじて、成功と失敗の両者によってきたえられ、あらゆる階級で戦闘経験豊富な兵士をもつようになった。一八〇〇年の第二次イタリア遠征におけるマレンゴ会戦では、砲兵の統一運用および騎兵の歩兵支援をふくめて、すべての部隊が驚異的な高レベルの戦術能力を発揮している。この背景にはナポレオンによる画期的な組織革命があった。

自律的な師団（division）の編成はナポレオンが独自に採用した戦術的革新のひとつである。彼は、このような複数の師団で構成し独立的に行動できる軍団（corps）を編成して、今日

マレンゴ会戦時の戦闘編成（1800年6月）

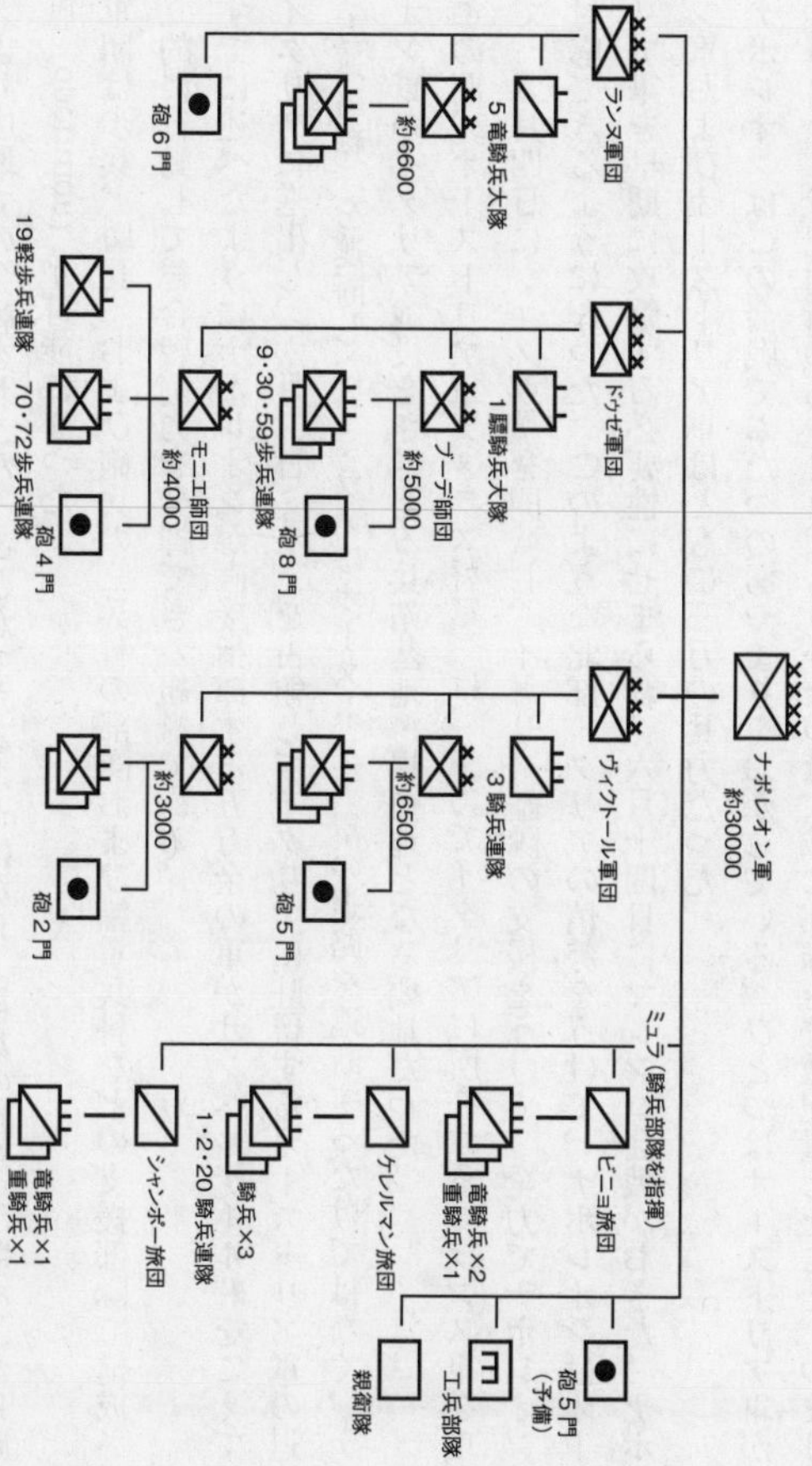

（出典：James R. Arnold『MARENGO HENLINDEN』）

の軍隊では常識となっている作戦という戦いのレベルを発明した。軍団を編成することにより、より広域での会戦をおこなうことができるようになり、複数の戦闘（battle）から成る作戦（operation）が可能になった。

軍団は歩兵、騎兵、および砲兵の三兵科の部隊および輜重兵科などの支援部隊で構成され、独立的に行動して総合戦闘力を発揮できる組織である。

すでに述べたようにナポレオンが直接指揮する五万余の軍がサンベルナール峠をこえて北部イタリアに進出し、六月二日ミラノを占領してイタリアに駐留するオーストリア軍の退路（後方連絡線）を遮断した。ミラノはオーストリア軍の退路を遮断するだけではなく、ナポレオン軍のイタリア戦役をささえる兵站基地・根拠地となる要地だった。

この間、オーストリア軍（メラス将軍）は、主力でイタリアに所在するフランス軍を攻撃して、六月四日にジェノヴァを開城し、イギリス艦隊の支援をうけて、全力でナポレオン軍に対応できるようになった。このような北部イタリアの情勢をうけて、ナポレオンはオーストリア軍を早期に攻撃する必要性にせまられ、六月十四日にマレンゴ会戦がおきた。ナポレオン軍およびオーストリア軍はともに三万の兵力だった。

ナポレオンはこの会戦でふたつのあやまりをおかしている。ひとつはオーストリア軍が退却するという状況判断のあやまり、もうひとつは広域に部隊を分散配置したこと。つまり、バラバラになって退却（を予想）するオーストリア軍を〝巻き狩り〟のように追いこんで、

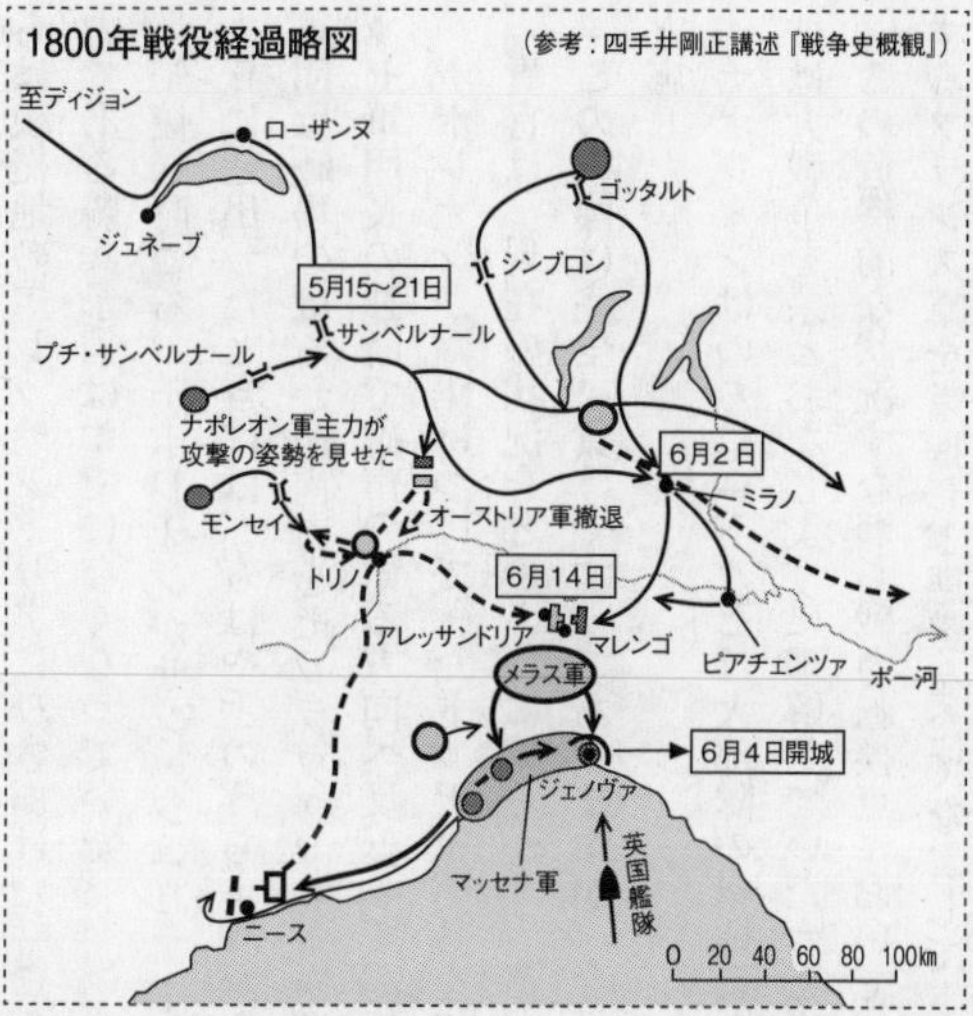

各所で各別に撃破しようという構想だった。

六月十四日午前十時ころ、マレンゴ付近で、まずオーストリア軍が攻撃を開始した。フランン軍の二個軍団（ヴィクトール軍団、ランヌ軍団）に対して、オーストリア軍は、ナポレオンの予期に反して、全部隊を集中して攻撃した。ナポレオンの司令部はマレンゴの東方およそ一〇キロのトッレ・ディ・ガロフォリに置かれていた。

ヴィクトール軍団およびランヌ軍団は、午後一時ころまでにはすべての部隊を第一線に投入、午後二時ころには弾薬のほとんどを射耗、後方からの弾薬の補給は困難であり、午後三時～四時ころオーストリア軍の攻撃をささえきれずに総崩れとなって東方へ敗走。

午後三時ころ、オーストリア軍司令官メラス将軍は「勝った」と確信し、戦場追撃の指導を参謀長にまかせて、みずからは根拠地のアレッサンドリアにひきあげた。この時点で、オーストリア軍も追撃の決定戦力である騎兵予備はすでになくなっていた。

午後二時ころ、ナポレオンがサン・ジュリアーノ（マレンゴの東方およそ六キロ）付近の小丘に進出したときには、もはや手のうちようがない状況だった。そのようなとき、ドゥゼ軍団は戦場のはるか西南方をセッラヴァッレ（軍団の目標）に向かって行軍していたが、ドゥゼ軍団長の独断で砲声のする方向へ反転して、午後五時ころナポレオンの掌握下に入った。

ナポレオンが、駆けつけてきたドゥゼ軍団長を掌握するや、

「貴官は、現在の状況をどのように見るか？」と問いかけると、ドゥゼは、

「この戦闘は完全に負けです。でありますが、今日勝つための時間はまだのこっています」

と応じた。

ナポレオンはのちに「ドゥゼは大部隊の指揮にもっとも能力があった。ほかの将軍以上に、彼は大戦争を余とおなじように理解していた」と軍団長ドゥゼを評価している。

この危機的な状況すなわち戦力転換点において、戦場の焦点に立ったナポレオンは、敗走するフランス軍を掌握し、態勢をたてなおしてドゥゼ軍団（ブーデ師団、モニエ師団を基幹とする新鋭軍団）を核心として午後六時ころ反撃に転じた。オーストリア軍にとっては予期せざる奇襲だった。ナポレオンは断固として攻撃を命じ、形勢をいっきに逆転した。

オーストリア軍はメラス将軍の痛恨のミスで勝利をのがしたが、ナポレオンの決断力、勝

利へのあくなき意志、これに応ずる各部隊の動きなどがあいまっての逆転勝利だ。この戦闘で先頭をきって突撃したドゥゼ軍団長が戦死した。ドゥゼ軍団長こそ勝利の立役者だった。石原莞爾はナポレオンの勝利は〝天運〟だったと論評している。

ブーデ師団は、第二輓馬砲兵連隊の火力（四ポンド砲×四門、八ポンド砲×四門）で敵の前進を阻止し、みずからも敵の砲兵火力をあびるも、三個歩兵連隊（第九、第三〇、第五九連隊）が混合隊形の梯隊で猛烈果敢に攻撃した。

モニエ師団は、敵歩兵を突破後、かすり状に展開した歩兵大隊の開放縦隊による二個歩兵連隊（第七〇、第七二連隊）で攻撃し、縦隊の間隙ではオーストリア軍騎兵の襲撃に対して歩兵中隊が方形陣を形成して対抗した。

ミュラ指揮下のケレルマン騎兵旅団（第一、第二、第二〇騎兵連隊）は、ドゥゼ軍団の反撃によるオーストリア軍の混乱・動揺に乗じて猛烈な乗馬襲撃をおこない、オーストリア軍を敗走させてアレッサンドリアに退却させた。

ナポレオン戦争以前の、全部隊がひとりの司令官のもとで戦う方式と比較すると、マレンゴ会戦は複数軍団による近代戦的な攻防自在の作戦の香りがする。マレンゴ会戦は戦略・戦術の期を画する戦いだったといっても過言ではない。

ブローニュ宿営地はグランド・アルメ揺籃《ようらん》の地

一八〇三年五月、イギリスがフランスとのアミアン和平条約を一方的に破棄してフランスに宣戦を布告した。戦争状態となったことをうけて、ナポレオンは「ブローニュ付近に大軍を集結、渡航に必要な多数の小舟を準備し、機に乗じてすみやかに上陸を決行する」との根本方針のもとに、イギリス本土への侵攻作戦を計画した。

ナポレオンは一八〇二年五月から一八〇五年五月までの間に、イギリスとの開戦を口実に二一万人の兵士を徴集、また一八〇三年から軍団を固定編制として、近衛師団、七個軍団、騎兵七個師団など合計二〇万人、砲三五〇門の兵力を整備した。

ドーバー海峡（約四〇キロ）に面しているブローニュは、カレーのおよそ三〇キロ南西に位置している。ナポレオンは、ブローニュ郊外に一〇万人をはるかにこえる部隊を集結、大規模な宿営地を建設、輸送船・戦闘艦への乗船訓練および南東イングランド上陸後の戦闘にそなえた野外訓練を徹底しておこなった。

平底船は喫水があさく海岸にそって航行でき、兵士六〇～一〇〇人が乗船し、自衛用の火砲を二～四門をそなえている。これらをフランス各地で急造してそのつどブローニュに回漕し、一八〇三年九月ころには約一〇〇〇隻が集まった。

最終的には、ブローニュ付近の四港から、六万三〇〇〇人の兵士、馬六〇〇〇頭、および大砲を第一波として輸送し、ひきつづいて二万七〇〇〇人の兵士、馬二五〇〇頭、および大砲を第二波として輸送する予定だった。だが、イギリス本土への侵攻計画は、フランス海軍がドーバー海峡の制海権を確保することができず、発動する機会がなかった。

イギリス本土への侵攻計画は最終的には放棄されたが、ブローニュ駐屯地で、一〇万人をこえる大部隊がおよそ二年間にわたって大規模な野外訓練をおこなったことは、通常の訓練と比較してはるかに偉大な成果をもたらした。

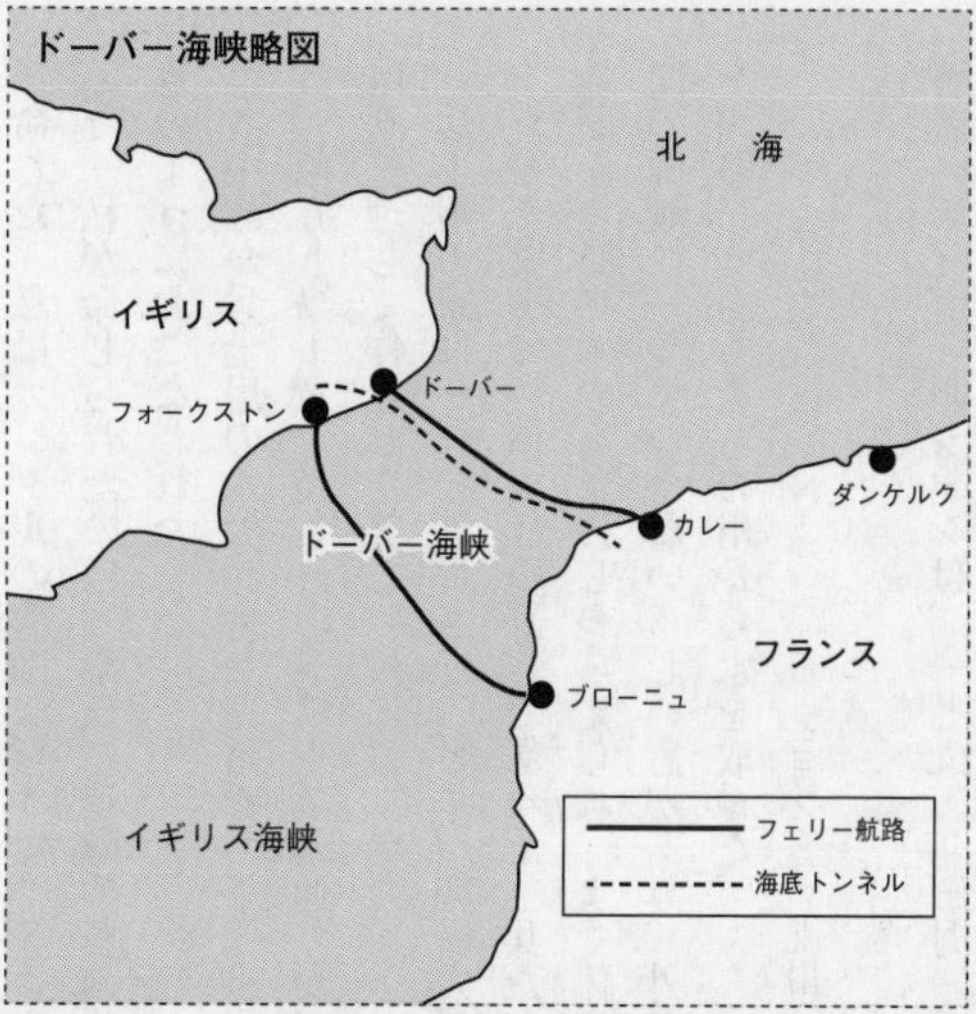

部隊の団結力は、ブローニュの同一場所でおなじ大部隊が寝食をともにし、実際の戦闘で彼らを指揮する将校・下士官と訓練をともにすることによって、さらに強固なものになった。なによりも、ひんぱんな野外生活および野外演習が軍隊の秩序、規律、および戦場でただちに役立つ正確な戦い方を兵士たちにうえつけた。

基地建設用の必要資材が到着した。

ダリコ大佐が私を仮兵舎建設指揮官に

任命した。私はカンダルの農園に行った。デュポン師団の三個連隊が入る基地の図面を引いた。私が命じられたのは、第三二連隊の基地建設の指揮だけであった。基地の建設はつぎのようにおこなわれた。

各中隊が兵士用の六仮兵舎と三階級の下士官用の一仮兵舎を建築した。二個大隊が入れる、幅五トワーズ、長さ一〇トワーズの通りが三本できた。ここはカミエ基地と呼ばれ、区画整理して作られた美しい村に似ていた。

兵士用の家はそれぞれ長さ二〇ピエ、幅一六ピエで、壁は細かく切った藁と石灰と粘土を混ぜた荒壁で、屋根は藁葺《わらぶ》きであった。兵たちの健康を考え、簡易ベッドが小屋の奥の地面から二ピエの高さにしつらえられ、よく休息できるように配置された。小屋正面の戸口の両側に一つずつかわいらしい窓があり、外壁はすべて緑色のペンキで塗られた。運河を開鑿《かいさく》してあちこちの川から水を取った。

（フランソワ・ヴィゴ＝ルション著、瀧川好庸訳『ナポレオン戦線従軍記』中公文庫）

著者のヴィゴ＝ルションは、一七九三年三月一八歳で義勇兵として入隊、四五年間軍隊ですごし、そのうちの二〇年間ナポレオン戦争のほとんどに参加、この間に貴重な手記をのこし、一八三八年に大佐で退役。ブローニュ当時は第三二戦列連隊第二大隊長の副官（中尉、一八〇五年七月大尉に昇進）だった。『ナポレオン戦線従軍記』は、第一線の兵士が直接体験した戦場の実相を率直に記述している貴重な記録である。

基地の建設や畑仕事による労働、陸上および海上での休みない演習、天候の如何を問わず常に戸外にいるこの基地での暮らし等により、兵たちはめっきり耐久力をつけてきた。軍事教育は完全なものになっていた。一八〇四年の初頭にかけての戦闘は激しいものではなかったが、兵たちにとってはためになる実戦演習となった。こうした小戦闘を通して、より大規模な戦闘を実感することができるからである。

一八〇五年七月九日、私は大隊長副官のまま大尉に任じられた。

兵たちはすでに、十分海に慣れていた。彼らは自由自在に舟艇を操ることができた。ドーバー海峡を横断し、イギリスに上陸したいと希望に燃える素晴らしい軍隊になっていた。あとは、イギリスに突撃せよとの命令を待つばかりであった。出撃をいまかいまかと待っていたとき、突然大陸内部で嵐が巻き起こり、二年かけて準備したこのイギリス上陸作戦が水泡に帰することになった。

（フランソワ・ヴィゴ＝ルション著『ナポレオン戦線従軍記』）

宿営地を利用する野外訓練の有効性は一七九〇年代初期から認識されていたが、ブローニュ宿営地の長期訓練から誕生した新生陸軍――一九〇五年八月二十六日正式に発足した大陸軍（グランド・アルメ：LA GRAND ARMÉE）——は、革命後に徴集され、重圧におしつぶされたように見え、おどおどした兵士たちの集団ではなかった。それはあらゆる意味においてタフでプロフェッショナルなヨーロッパ最強の軍隊だった。

とはいえ、大部隊をブローニュに宿営させる目的はあくまでイギリス侵攻のためであり、そのための訓練だった。ナポレオンはブローニュに前進司令部を設置し、みずからは第一統領兼国軍最高司令官としてパリから現地部隊を指導した。では、ナポレオンはパリ〜ブローニュ間の通信をどのようにおこなったのか?

当時の通信はテレグラフ信号通信（※正式な日本語は腕木通信）が代表的である。フランスの主要都市間をむすぶ有人のセマフォー信号塔（※腕木塔）で、時速一二〇マイル（約時速二〇〇キロ）のスピードで暗号化したメッセージを中継。もうひとつが軍事郵便で、軍隊がパリとの連絡を主任務とする騎馬伝令による中継システム。

イギリス侵攻のために、パリ〜ブローニュ間三〇四キロにテレグラフ信号通信網が完成したのが一八〇三年八月。このシステムは電気式信号ではなく機械式手旗信号というべきもので、パリで発した暗号化したメッセージを信号塔から信号塔へリレーし、八〜九分後にブローニュにとどくという驚異的な通信速度であった。

となりの信号塔を望遠鏡で視認できるという絶対条件があり、夜間、雨、霧などの視界不良時には通信できなかった。ナポレオンはこのような通信システムを駆使してパリからブローニュの部隊を指揮した。テレグラフ信号通信に関しては、中野明著『腕木通信—ナポレオンが見たインターネットの夜明け［改訂版］』（電子書籍）という好著がある。

中野氏によると、ナポレオンは、ドーバー海峡をまたぐおよそ四〇キロの通信が可能な装置の開発を、テレグラフ信号通信の考案者であるシャップに命令し、一八〇四年に公式実験をおこなっている。新型の装置は現用の二倍もする巨大なものだった。イギリス侵攻作戦の中止によりこの意欲的なこころみは実現しなかったが、ナポレオンは通信の価値を完璧に理解していた。

ブローニュ宿営地から話題が飛躍するが、テレグラフ信号が実際の戦役で決定的な役割をはたした一例を紹介する。

一八〇九年のラティスボン（レーゲンスブルク）におけるナポレオンの驚異的な勝利は、現地司令部（※フランス軍は南部ドイツに駐留）とフランスとの間に設置されていたテレグラフ信号のおかげだった。オーストリア軍（カール大公）が、バイエルンへ侵攻して駐屯フランス軍を撃破する企図のもと、ブラウナムでイン川を渡河したとき、ナポレオンはなおパリに居た。七〇〇マイル（約一一〇〇㎞）の遠方で起きていることを、ナポレオンは二四時間以内に情報を得てただちにパリを出発、一週間後にラティスボンの城壁下でふたつの勝利を獲得した。もしテレグラフ信号がなかったならば、ナポレオンはこの会戦を失っていたであろう。（ジョミニ著『The Art of War』）

この例は戦地と本国をむすぶ通信線の重要性を述べている。騎馬伝令であれば情報伝達に五日前後かかったであろう。テレグラフ信号通信では、ストラスブールからパリまで昼間で視界がよければ最速六分でとどいた。蛇足ながら、石原莞爾はテレグラフ信号通信のことを〝飛報回光通信（？）〟と表記している。ジョミニの著書によると、戦場における通信＝情報伝達にポータブル・テレグラフが試行されたが、実用にはいたらなかった。

この時期、ナポレオンは東奔西走であった。一八〇八年十二月四日マドリードを占領したのち、スペイン北部を四分割して軍政を敷くべく奔走していた。ナポレオンのパリ不在に乗じて一八〇九年一月二日にパリで陰謀《いんぼう》があり、これを承知したナポレオンは一月二十三日に急遽パリに帰着した。おなじころ、オーストリアのカール大公は南ドイツへの侵入を企図していた。

四月十日、オーストリア軍六個軍団一二万五〇〇〇がイン川を渡河して前進を開始した。この情報がパリにとどいたのが十二日午前八時、ナポレオンは十三日午前四時にパリを出発し、十六日午前三時にルードヴィヒスブルク（シュトゥットガルト市の一二キロ北）に到着した。オーストリアのカール大公にとって、ナポレオンのこのような時間と空間をこえたすばやい動きは、想像すらできなかったであろう……。

ヨーロッパ最強のグランド・アルメが誕生

ブローニュ宿営地における野外演習で、ナポレオンがイメージしていた戦い方——主力部隊の前方に展開して自由ほんぽうに射撃する散兵、野戦における砲兵の機動的かつ柔軟な運用、攻撃縦隊の突入による衝撃効果の発揮など——、すなわちナポレオン独自の戦術的革新を具体化する訓練が徹底しておこなわれたことは、想像にかたくない。

師団長に以下のことを要求する。部隊行動を訓練し整斉《せいせい》とした部隊展開ができること、徴集兵に軍服—最低限でも上衣をすみやかに支給すること、秋季訓練は全員が大隊教練に参加すること、年内の早い時期に射撃訓練を実施すること。

連隊長には以下のことを要求する。連隊の馬匹で渡河できるよう水上訓練をおこなうこと、すべての竜騎兵連隊は徒歩戦訓練を実施すること、マスケット銃がなければ、五〇人に一丁のマスケット銃を交付し、まず基礎教育からはじめること。

砲兵連隊長へ、余は先任視察官をつうじて砲兵連隊が最良の活動をおこなうための訓練についてすでに示達している。余が意図しているのは、各挽馬砲兵連隊内で目標に対して百発百中の砲手を養成すること、同様にほとんどの目標圏内に迫撃砲および榴弾砲の砲弾をうちこめる砲手の養成に留意すること、の二点である。

九月二日から七日の間、各砲兵連隊は、ベスト・テンの砲手をラファに派遣せよ。当地で、攻城砲、野砲、榴弾砲および迫撃砲の各射撃中隊で構成する大規模砲兵演習を実施し、八個砲兵連隊のどの部隊がベストの砲手を提供できるかを判定するために、実弾射撃およびそのほかのあらゆる射撃訓練をおこなう。

（ナポレオンから参謀長ベルティエ将軍への指示、一八〇三年三月二五日）

余は、貴下が大隊教練において部隊を小グループで機動させる訓練をできるだけ多く実施することを、つよく要求する。このような訓練により、部隊は縦列射撃（fire by file）をおこないながらすばやく横隊に展開することに習熟する。貴下は師団長たちに以下のことを要求せよ。部隊は週二回射撃予習訓練、週二回実射訓練、最終的には週三回全体訓練をおこなう。先頭師団（第一師団）の掩護火力（射撃）のもとに、大隊ごと攻撃縦隊を形成させ、攻撃縦隊で突撃させ、そして展開させて、戦闘線（line of battle）にたっすると同時に全兵士に射撃を開始させる。

同様に、中央師団（第二師団）の縦列射撃下で、攻撃縦隊を形成させ、みずから縦列射撃をおこなって展開させる。そのあと、単調かつ一定のはやさの「前進」のドラムに合わせて一〇〇歩の速度で前進、各小隊は戦闘線の所定位置に到着するまで縦列射撃をおこなう。

後方師団（第三師団）は、小隊間隔で配置して縦列射撃をおこなう大隊方形陣にすばやく移行する訓練をひんぱんに実施させること。この種訓練は、大佐（連隊長）がマスターすべきもっとも重要な訓練である。なぜならば、一瞬のちゅうちょが連隊を崩壊させるからだ。

最後に、大隊の前方に散開する散兵が至短時間で合一して敵騎兵を撃退するために、遊撃兵中隊がすばやく方形陣を形成してただちに射撃できるよう訓練してもらいたい。これらの訓練のために必要な火薬を交付し、このような訓練こそ現時点で余がもっとも期待していることを周知徹底してもらいたい。

（ナポレオンから第二軍団長マルモン将軍への指示、一八〇四年三月一二日）

ナポレオンが混合隊形をこのんだことはすでに述べた。が、横隊から縦隊へ、縦隊から横隊へ、各レベルの方形陣の形成、散兵と戦列の連携、野砲の戦場機動など、図面に線をひくように簡単にできるわけではない。まして砲煙弾雨の戦場においてをや……である。ブローニュ宿営地における二年間の野外訓練によりこれらが完璧に実行できるようになり、ナポレオン軍精強の基盤となったことはうたがいない。

とはいえ、ブローニュ周辺で野営したすべての軍隊が同一の戦術を習得したわけではない。

なぜならば、連隊長以上の各級各指揮官は歩兵運用の細部にかんしてそれぞれ個人的な考え方をもっていたから。とはいえ、彼らの間にもいくつかの共通テーマがあった。第一は教練を徹底して実施することが将校・下士官・兵のすべてに重要ということ。第二は縦隊が戦闘の帰趨をきめるカギとなるということ。

ネイ元帥は「行軍および縦隊隊形の進化が戦術の重要な部分」と言っている――が、彼は、これらの進化には必要なときにはいつでも横隊に展開できることを前提としなければならない、と付け加えている。ダヴ元帥もネイ元帥の考え方に同意していたようだ。この二人は共通して卓越した戦術家＝野戦指揮官であり、ブローニュ以前の戦役でも何度もそのことを実証しており、ブローニュ以後の戦役においてもそうであった。

一八〇四〜〇五年ころまでに戦術家たちの間で必要性が合意され、はやい時期から認識されていた第三のテーマが、一八七一年版戦闘教義（歩兵操典）――四〇〇ページ超、五分冊――のシンプル化である。問題は、いつでもそうであるが、具体化の方法にかんして、野戦のベテラン指揮官たちの数ほど多くの意見の相違がある、ということ。

彼らの共通認識は、形式的な講釈部分の削減および重要項目と教練の一体化により、学習容易な戦闘教義に再生することであった。重要テーマは横隊および縦隊での運動で、要約すれば、ひとつの隊形から他の隊形へ、ふたたびもとの隊形への復帰、そしてとうぜんながら騎兵の襲撃に対して方形陣を形成することである。操典のシンプル化の必要性は、最終的に一八三一年の改訂版戦闘教義までひきずるテーマであった。

訓練したことのないことは実戦場裏でも実行できない。これは古今東西の軍事常識といえる鉄則。裏を返せば、敵に知られていない戦い方（戦術・戦法）を訓練して身につければ、戦場で敵を奇襲できる可能性があるということ。

第一次イタリア遠征で、ナポレオンの分散・集中、各個撃破などの戦い方を見て、敵将が「ナポレオンは戦術を知らない」と酷評した。ナポレオンの軍隊は、ブローニュ宿営地における二年間の訓練のおかげで、元来イギリス侵攻が目的であったが、周辺敵国から見ればまさに戦術常識からはずれた軍隊が誕生していたのだ。

一八〇五年八月二十六日、皇帝ナポレオンはベェルティエ参謀長に、常備軍として七個軍団および騎兵予備から成る大陸軍（LA GRAND ARMÉE）の編成を命じた。

軍団という組織は、マレンゴ会戦で試行し、一八〇三年に正式に編成されていたが、ブローニュ宿営地での徹底した訓練をへて、「今日余の有する軍よりもさらに精鋭なるものはヨーロッパに存在したことはない」とナポレオンが豪語するように、文字どおり精兵で構成されたフランス帝国のグランド・アルメが誕生した。

ナポレオンは「戦時に、二万五〇〇〇人から三万人の軍団は独立的に行動でき、指揮が適切であれば、不安にかられることなく、状況に応じて、戦うことも戦闘を回避することもそして行軍することもできる。なぜならば、軍団は敵に戦闘加入を強要されることがなくかつ

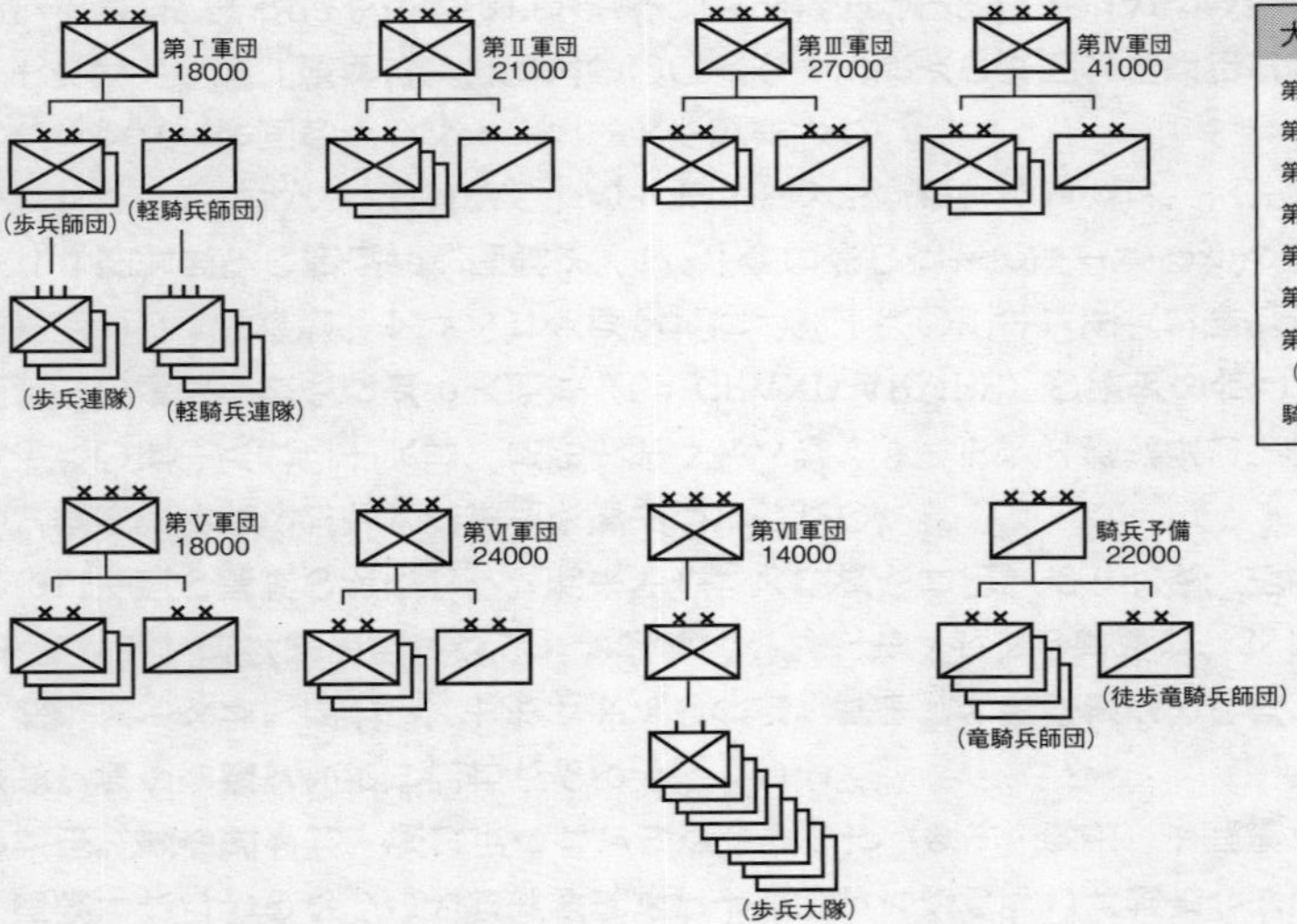

大陸軍の編成

第Ⅰ軍団	ベルナドット元帥
第Ⅱ軍団	マルモン将軍
第Ⅲ軍団	ダヴ元帥
第Ⅳ軍団	スルト元帥
第Ⅴ軍団	ランヌ元帥
第Ⅵ軍団	ネイ元帥
第Ⅶ軍団	オージュロー元帥
（予備）	
騎兵予備	ミュラ元帥

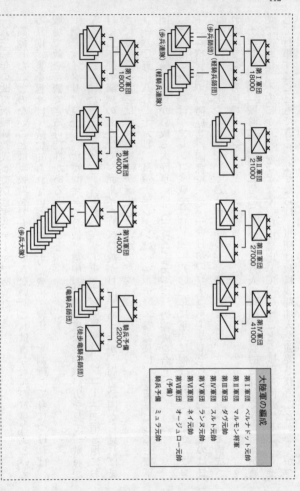

長時間戦うことができるから」と軍団の意義を明確にしている。

グランド・アルメ東方へ方向転換

一八〇四年五月十八日、帝政が宣言され、共和政体の統領制が幕を閉じた。第一統領ナポレオンが皇帝に即位し、同年十二月ノートルダムで戴冠式が挙行された。フランス帝国誕生の時点で、帝国の領域は一八〇〇年の九二県からは一〇四県へと拡大していた。以降、フランス帝国はヨーロッパ全域へと拡大するが、これをささえる決定的役割を担ったのが一八〇五年にブローニュで発足した大陸軍（グランド・アルメ）である。ナポレオンはみずから命名した大陸軍を最高司令官として戦場で直接統率した。

ナポレオンは革命で廃止されていた元帥号を復活させ、第一次イタリア遠征軍以来ナポレオンの指揮下で戦場を往来した側近の将軍たちを元帥に任命し、彼らを常備軍として再編成された軍団長に任命した。軍団長は、軍団をひきいて戦場を往来するだけではなく、平時には一地方あるいは一国すら統治し、軍団がそのうしろ楯となった。

戦場では、彼らはナポレオンの手足のごとく進退し、戦役（他国に侵攻する大規模作戦など）にさいしては、複数の軍団が二〇〇キロ（一二五マイル）の広正面に展開して扇型になじ方向に機動できた。そして、皇帝司令部の指令書により、扇をとじて、一〇キロ（六マイル）正面の戦場またはその手前に集結できた。

この方式は「分進合撃」といわれる戦力集中のやり方で、戦場の手前で戦力を合一して敵にあたる場合（ナポレオン式集中）と、戦場で直接敵に対して戦力を合一する場合（モルトケ式集中）のふたつの方式がある。

分進合撃というナポレオン以前の軍隊では考えられなかった戦力集中のやり方は、軍団という独立的に行動できる組織と、各軍団が有機的に行動できる練度とが相まって、はじめて可能になった。近代戦術に画期をもたらした本格的な分進合撃は、皇帝ナポレオンが直卒する大陸軍の初陣となったウルム会戦が史上最初の例である。

（若干余談となるが）ナポレオン式もモルトケ式も、現代のような無線通信機やデジタル機器がない時代の戦い方である。当時の野戦は、総司令部と各軍団の間および軍団相互の間の通信手段は、騎馬伝令だけといっても過言ではなかった。

ナポレオン式では、各軍団長も駒のひとつにすぎず、戦力を合一した以降は総司令官が全体を直接指揮する。モルトケ式では、各軍団長に権限を委譲し、各軍団長の自主的な総合判断力、独断などがつよくもとめられる。

ナポレオンの参謀は、頭脳の補佐という部分はほとんどなく、あくまでナポレオンの手足として情報収集、命令伝達などに従事した。ナポレオンが直接指揮すればグランド・アルメは全戦全勝だったが、ナポレオン不在の戦場ではかならずしも勝てなかった。

モルトケ（プロシア）の参謀本部は全軍の頭脳として全体構想を策定し、各軍団に派遣さ

分進合撃の一例

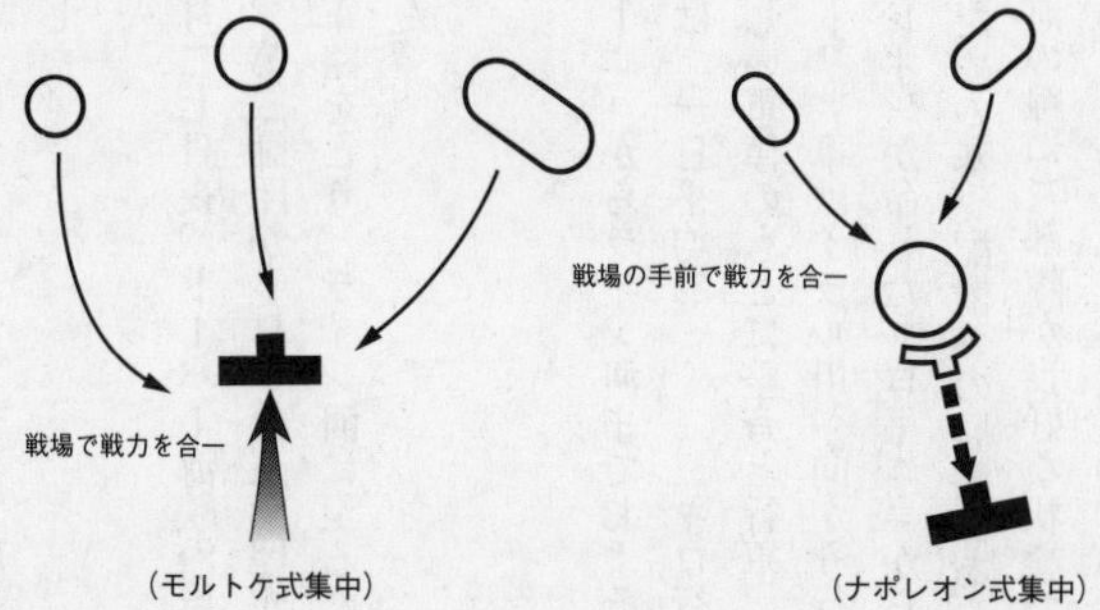

れた参謀が軍団長を補佐した。各軍団は独立的に行動しながら、派遣参謀の補佐によって一貫した構想下で行動できた。が、参謀統帥におちいりやすいという危険性があった。

ウルム会戦に話をもどすと、イギリス侵攻計画は、陸上部隊は準備万端ととのっていつでも発進できる状態だったが、イギリス艦隊（ネイルソン提督）の跳梁《ちょうりょう》によりドーバー海峡の制海権が確保できるみこみがなかった。このようなとき、オーストリアとロシアの接近が表面化し、ロシア軍（クトゥーゾフ将軍）移動の情報があきらかになった。

ナポレオン皇帝は「先ずオーストリア軍を打撃する」と決断し、八月二十四日部隊の一部をライン河に向けて先遣し、二六日グランド・アルメの編成と同時に全軍に対してライン河への前進を命じた。ナポレオンがイギリス侵攻を断念したわけではないが、オーストリア軍の撃破を優先したのである。西を向いていた軍が一八〇度方向を転換した。

八月二七日夜、ドーバー海峡沿岸軍に命令が伝達された。各沿岸軍の第一師団がまず出発し、第二師団が翌日、第三師団が三日目に出発した。各軍団ともそれぞれ異なった三つの進軍路をとり、ライン河に至ることになった。全軍団がラインに集結するのに二四日かかった。

（『ナポレオン戦線従軍記』）

ブローニュからライン河までおよそ六〇〇キロ、フランスを西から東へ横断する大移動だ。各軍団は、一日平均二一～二三キロ行軍、二四日行程で全軍が集結する予定だった。各軍団はきびしい軍律のもとに整斉と行軍、戦力を完全に維持してライン河畔に集結した。一方のオーストリア軍はイラル川へ向かう行軍ですでに疲労して戦力を消耗していた。

ナポレオンが命じたブローニュからライン河への移動は、戦略展開すなわち南ドイツ侵攻作戦のための基礎配置への展開である。行軍は所要の時期・場所に（※九月二十九日までにライン河の線に）部隊が良好な状態で到着し、作戦・戦闘（※オーストリア軍の打撃）に最適の態勢をしめることが大原則である。ウルム会戦は、この意味で、初動の段階ですでに勝

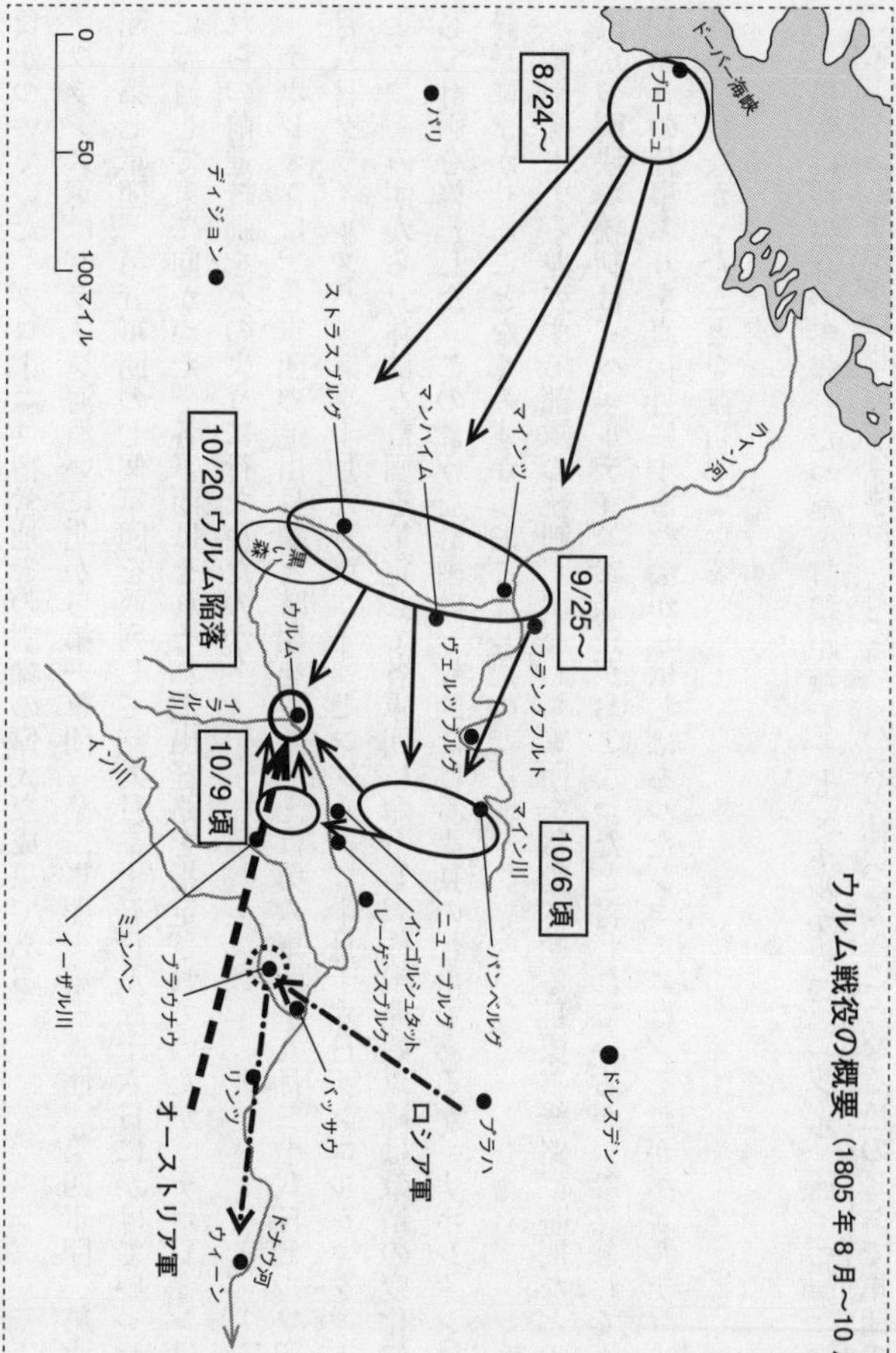

ウルム戦役の概要（1805年8月〜10月）

負がついていた。ブローニュ宿営地での訓練の偉大な成果である。

フランス軍は、ライン河沿いに北から第一軍団、第二軍団、第三軍団、第四軍団、第六軍団、第七軍団、第五軍団の七個軍団を並列して、九月二十五日～二十六日にかけていっせいに渡河して東に向かった。各軍団はそれぞれ進出経路を指定されていたが、ナポレオンはこれらの前進統制をどのように行なったのか？

ナポレオンは、各軍団の進出目標と時期を、たとえば第六軍団―九月二十八日ゼルツ、十月六日クライルスハイム、十月九日ヴァイッセンブルグ、十月十六日インゴルシュタットのように、みずから具体的な計画を策定して各軍団に命令し、作戦開始以降は敵情の変化に応じて計画を修正した。このような計画は一般的には参謀長の仕事であるが、ナポレオンは参謀長にまかせることなくみずからおこなったのだ。

統制線による並列する部隊の統制、すなわち軍団を移動させる目標、経路、時間などの正確かつ明快な統制は、ベェルティエ参謀長がおこなったと言われているが、参謀としてナポレオンの仕事ぶりを直接目にする機会がしばしばあったジョミニは、それがベェルティエの仕事ではなかったことを証言している。

皇帝は彼自身が参謀長だった。直線距離で一七マイルから二〇マイル（路上距離二二マイル～二五マイルに相当）を測る一対《いっつい》のコンパスを使って、ことなる色のピンで軍団の位置と敵の予想位置を標示した地図上で、おりまげたり全長をひきのばしたりして、彼は驚異的な正確さと精密さで、それぞれの部隊に広範囲の移動命令をあたえることができた。彼は図上の一点から一点へとコンパスを動かして、各縦隊が某日までに到達すべき目標をまたたく間に決定し、それから、ピンを新しい位置に移して、各縦隊に付与する行軍速度と出発時間を頭に入れながら、かの有名な口述命令を筆記させた。

（ジョミニ著『The Art of War』）

ジョミニの証言は、ナポレオンの天才ぶりをいかんなく伝えるエピソードではあるが、ナポレオンのやり方は、意思決定のすばやさが戦勝に直結する利点と、部下が育たないという欠点の両面があり、直近の勝利と将来の人材育成の欠如という功罪が相なかばする。

第一次・第二次イタリア遠征はオーストリアとの戦いであった。ナポレオンはイタリア戦線で勝利したが、対オーストリア戦の主戦場は南ドイツであることを早くから予期して、決戦場をドナウ河畔とさだめ、ウルム会戦の数年前から予想戦場の地形、道路など兵要地誌の細部にわたって情報収集をおこなっていた。

将軍はミュンヘンに直行し、その後パッサウに前進せよ。かの地で要塞の状態を視察し、イン川を可能なかぎりクーフシュタインまでさかのぼって以下の事項を適切に偵察せよ

――軍事的な要地、これらの間隔、道路の状態、川幅、水量、支配下におくべき川岸または対岸、フェリーボート、橋梁、および渡渉可能な場所（浅瀬）。将軍は、何人かのバイエルン人工兵を同行するであろうが、すべてを自分の目で見て、河川の状態にかんする工兵の所見およびそこでかつて起きたことを、文書で報告せよ。

（ナポレオンからベルトラン将軍への指示、一八〇五年八月二五日）

ナポレオンは、大陸軍を東方へ転進させると同時に、予想戦場地域の最新情報の収集を側近のベルトラン将軍に命じた。右は将軍への指示のごく一部であるが、偵察結果はすでに南ドイツに進出していたナポレオンの本営にとどけられ、ナポレオンは戦場地域の詳細な地誌を頭に入れて、全般の戦闘指導をおこなったことはまちがいない。

兵站については次章でまとめてとりあげるが、ウルム会戦におけるフランス軍の兵站とくに補給についてかんたんにふれておく。

大陸軍発足のときには、各軍団には輜重の編成がなく、ナポレオンはオーストリアとの開戦を決断すると同時に民間車輛（荷馬車）による輜重の編成を命じた。結論的に言えば、準備時間が短く、民間業者との契約による輜重は車両と馬匹が決定的に不足して、現実には各軍団の要求に応じることができず、そのしわ寄せが末端の兵士におよび、軍団が通過した地域において掠奪などの不軍規行為が発生している。

第三軍団（ダヴ元帥）および第四軍団（スルト元帥）の両軍団は、軍団長の給養にかんする意識が高くかつ積極的な努力と相まって、例外的に不軍規行為はなかったが、ほかの軍団では各軍団長が給養の重要性にかんする意識を欠いていた。

ナポレオンが「われわれは倉庫のない地域で行軍をつづけた。戦況がそれを可能にし、野外での生存に最適な季節にめぐまれ、倉庫がなくてもわれわれはいつも勝利し、畑には野菜があったにもかかわらずわれわれは大きな危害をこうむった。野外にジャガイモのない季節、あるいは戦況が不利な状況におかれた場合には、倉庫を欠くことは最悪の結果をもたらすであろう」と、ウルム占領直後の十月二十四日に語っている。

軍隊への給養を欠き、兵士は眠りながら行軍し、連日の降雨で道路は泥濘《でいねい》となり、ぬれた被服はかわかず、落伍兵・逃亡兵も出たが、ウルム会戦では大勝利をえた。「これが一八世紀の傭兵部隊であったならば、いかにナポレオンの威望をもって統率しても、全軍の壊滅を見ることは必至」（石原莞爾）と評されるように、ブローニュで誕生したグランド・アルメは、傭兵部隊とは根本的にことなる軍隊であった。

※ウルム会戦の兵站にかんしては、クレフェルト著『補給戦』（中公文庫）第二章「軍事の天才ナポレオンと補給」に詳細に記述されている。日本語で読める資料としてはこれ以上のものはないと思料する。

フランス軍が軽快に行動・機動できたのは〝倉庫給養〟のおかげであるが、将校の平民化もうひとつの理由である。革命前の将校は貴族で戦役に際しては大量の行李《こうり》を携行した。ナポレオンは将校の行李の数を制限し、また兵士のための天幕の携行を廃止した。一八〇六年戦役におけるフランス軍とプロシア軍の歩兵行李の比は一対八ないし一対一〇だった。

本稿の最後にウルム会戦の戦略的・戦術的な価値についてひとこと。

「ウルムはドイツ侵攻にとって最重要な天然の軸である。この要塞はドナウ河のほとりに位置し、ドナウ川の両岸で行動する軍隊に各種施設を提供する。ウルムは、インゴルシュタット、レーゲンスブルク、パッサウ、およびウィーンの城壁を洗うヨーロッパ最大の河川に面し、大規模な兵站基地を設定するための最良の場所である。フランス側から見ると、この要塞は黒い森（シュヴァルツヴァルト）の出口に位置している」とナポレオン自身が述べているように、ウルムは、ウルム会戦にひきつづくウィーンへの進出、アウステルリッツ会戦（一八〇五年十二月）の兵站基地として、機動をささえる倉庫給養の根拠地として、決定的な役割をはたした。

ウルムはウィーンからチロル～イタリア北部へと向かう中継地でもあり、オーストリアにとっても戦略的な要地である。黒い森は南北一六〇キロにわたって樹木がうっそうとしげる山地で、南ドイツから見るとライン川をはさんでアルザス地方と国境を接している。

ウルム会戦は短期決戦、速戦即決、最小の犠牲で最大の成果をあげるという戦術原則の典型例だ。ナポレオンがおこなった数多くの機動戦のなかでも頂点に立つといっても過言ではなく、まさに近代的な機動戦の香りがする。

オーストリア軍はウルム付近でロシア軍の進出を待ったが、ナポレオンはオーストリア軍とロシア軍が分離している弱点に乗じて両軍の中間を遮断し、まずオーストリア軍の各個撃破をねらった。このためにはスピードがカギであった。

ナポレオン軍が広正面に展開して各軍団が独立的に機動したため、フランス軍は黒い森方向から侵攻すると予断していたオーストリア軍は、ナポレオン軍主力の意図が最後までつかめなかった。完全に虚をつかれて、なすすべがなかったのだ。

ミュラ元帥の騎兵軍団が、ナポレオン軍主力のはるか前方でロシア軍の動向を偵察し、この情報がフランス軍勝利に最大限寄与した。また、一八〇三年以降研究していた南ドイツのドナウ河流域の情報資料（兵要地誌）が生かされたことは言うまでもない。つまり、ナポレオンは「わが予期をもって敵の不期」を撃ったのである。

フランス軍はドナウ河渡河以降、十月十六日から十九日の間、戦闘ともいえないような小さな衝突をつみかさね、歩兵部隊は強行軍につぐ強行軍で目まぐるしく動き、全体的にテンポのはやい動きによって、オーストリア軍を一方的においつめてウルム要塞に閉じこめ、十月二十日に降伏させた。ロシア軍はオーストリア軍との連絡を絶たれて動けなかった。

（余談になるが）この間のロシア軍の動向は、トルストイの長編『戦争と平和』（岩波文庫版）の第一巻に詳しい。この長い物語は、フランス軍がイギリス侵攻のためにブローニュ付近に集結していた一八〇五年六月ころ、ロシア皇帝がフランスに宣戦布告し、軍隊を動員して、軍隊を同盟国のオーストリアに向けて出発させる状況からはじまる（第一部第一篇）。

第二篇の冒頭は、フランス軍がドナウ川を渡ってオーストリア軍をウルムに追い詰めるころ、およそ一〇〇〇キロの行軍を経たロシア軍の歩兵連隊がブラウナウ（※要塞都市、ウィーンとウルムの中間付近）に到着する場面である。ロシア軍の前衛はミュラ元帥の騎兵部隊と接触して小競り合いをおこなうが、やがてロシア軍総司令官クトゥーゾフ将軍はウルム陥落とオーストリア軍の降伏を承知し、一〇月二三日イン川の橋梁を渡ってウィーン方面へ撤退するといった内容である。

つまり、オーストリア軍とロシア軍の合体はならず、ナポレオンの意図通りに状況は進展した。すなわちオーストリア軍とロシア軍とを分断して、オースリア軍を各個に撃破することであった。ナポレオンはこの勢いに乗じて一気にウィーンへ進出した。

ウルム要塞を開城した翌日（一八〇五年十月二十一日）、イベリア半島トラファルガル岬沖でイギリス艦隊とフランス・スペイン連合艦隊が激突して一大決戦をおこなった。世にいう「トラファルガル海戦」である。およそ四時間の激戦ののち、ネイルソン提督が指揮するイギリス艦隊は海戦に圧勝してドーバー海峡の制海権を確保した。

ナポレオンはトラファルガルの敗戦をまだ知らないが、十月二十一日の時点でナポレオンの宿望だったイギリス侵攻の機会は永遠に失われた。海洋制覇の道を閉ざされたナポレオンが欧州大陸制覇へと向かうのは必然だったといえよう。

ナポレオンはウルム会戦勝利の勢いを駆ってウィーンに入城し、ウルム会戦の六週間後に、アウステルリッツで三帝会戦（※フランス、オーストリア、ロシア皇帝が一堂に会して戦った）にのぞみ、ナポレオンが指揮した大規模会戦の最高傑作といわれる会戦で――戦場の要地（ブラッツェン高地）を意図的にすてて陣地防御し、右翼に敵の攻撃にさそい、その後攻撃に移転して（攻勢防御）――敵を完全に撃滅した（十二月二日）。ウルムからアウステルリッツにいたる一連の戦いは、グランド・アルメがもっともかがやいた日々であった。

第五章　兵站

後方連絡線（作戦線・補給線）

ナポレオン戦争は他国領域（ヨーロッパ大陸全域）への侵略であるが、これが成立するためには、根拠地――フランス本国の場合もあり、占領した地域の場合もあり、これを策源という――と作戦地域の間が太いパイプ（後方連絡線）でつながっていなければならない。このパイプは人・糧食・弾薬・軍需品などが流れ、戦域の軍隊を養いかつ維持するための生命線である。後方連絡線は作戦線でもあり補給線でもある。

後方連絡線上には倉庫や病院があり、各種の軍需品および糧食が貯蔵され、医師や看護員が存在し、戦闘などで大きな損耗が発生した場合は軍隊の再編成、損耗した兵士の補充、そして行軍や戦闘で疲労困憊《こんぱい》しまたは負傷した兵士を療養・治療により士気や健康を回復させる。前線の軍隊を維持するためには後方連絡線は不可欠の存在である。

蒸気機関や内燃機関が発明される以前は、軍隊の移動はすべて兵士の足と動物にたよった。「ナポレオンの方式は、一日に二五マイル（四〇キロ）行軍し、戦い、そしてそのあと整斉と野営することであった。彼は『これ以外に戦いをおこなうすべを知らない』と私に語ってくれた」とジョミニが述懐している（『The Art of War』）。

ナポレオンは機動を重視し、兵士への給養の重要性をよく理解していた。機動力を発揮するためには、後方連絡線を維持・確保して兵士の損耗を最小限におさえることが死活的に重要で、ナポレオン自身もこのことに大いに努力している。

後方連絡線を理解するには高速道路をイメージすればよい。高速道路の利用者は一定区間内に存在するサービスエリアで休息し、食事し、給油し、あるいは診療所で医療サービスをうけることができる。利用者が安心して高速道を走るためには、セキュリティーが確保され、たえざるメンテナンスが必要であることは言うまでもない。

四～五日行程ごとに、作戦線に沿って要塞都市または堡塁（壕を巡らせた防御陣地）を確保して、糧食および軍需補給品を貯蔵し、そこで補給縦列（コンボイ）を編成する。それらの要塞都市または堡塁は機動の根拠地となり、作戦線を短縮する支柱になる。

（ナポレオン書簡集一巻）

戦争や作戦において機動＝行軍する場合、四～五日行程ごとに作戦線に沿ってサービスエリア（要塞都市または保塁）を確保するとナポレオンは言っているが、このような発想はどこから出てきたのであろうか？

彼は「古代の傑出した将帥たち——アレクサンドロス、ハンニバル、カエサル、およびグスタフ・アドルフ、テュレンヌなど——は原則にしたがうことによってのみ成功した。それは事業の大胆さであり成しとげたことの範囲の広さである。彼らは戦争を真の科学とすることを模索しつづけた。この理由によって、彼らだけがモデルとなり得、そして彼らを見習うことによってのみ彼らに近づくことができる」と断言している。

ハンニバルの原則は、占領したただひとつの要塞に全部隊をまとめて駐屯させて、人質、大量の武器、有力な捕虜、および部隊の患者を良好な状態で維持することであり、後方連絡線の責任を同盟者にまかせることであった。彼自身はカルタゴからいかなる支援もうけることなくイタリアに一五年間いすわり、そして母国を防衛するためにカルタゴ政府の命令にしたがってイタリアから撤退して帰国した。

カエサルはローマ軍がひとつの駐屯地にまとまるよう常時六個の軍団（レギオン）を保有し、後方連絡線の維持を同盟者にまかせた。彼は根拠地にいつでも一か月分の補給を準備し、駐屯地域の要塞に数か月分の糧食をたくわえ、ハンニバルの例にならって人質、武器、および病院を確保した。彼はこの原則をすべてのガリア戦役に適用した。一六四六年、テュレンヌはマインツを出発して、ライン河左岸をヴェーゼルまでさかのぼって渡河、ラーン川右岸へ移動、スウェーデン軍と合流してドナウ川およびレッヒ川を渡り、二〇〇リーグ（約九六〇㎞）の行軍を行って敵地を横断した。レッヒに到着したときに彼は全部隊を直接掌握し、カエサルやハンニバルのように、後方連絡線を同盟者にまかせ、正確に言えば要塞化された基地をみずから確保することをやめ、予備隊や後方連絡線から一時的に分離した。

（ナポレオン書簡集三一巻）

傑出した将帥たちがよりどころとした原則とは、侵攻する軍隊がまとまって一体となること、根拠地に糧食・武器・病院を確保すること、および後方連絡線の確保を同盟者にまかせることの三点だった。侵攻する距離が長くなればなるほど、後方連絡線は長大となり、中間拠点（サービスエリア）が多くなり、これらに指揮下の部隊を配置すれば戦力が先細りするのは自明の理で、同盟者の活用はいわば必須要件といえる。

ナポレオンは一七九八〜九九年にエジプト遠征軍司令官として、地中海をわたって、フランス本国との後方連絡線を断ってエジプトに出征した。当時の地中海の制海権はイギリス艦隊がにぎっており、このような異境での作戦行動には、根拠地をみずから設定して、軍隊をみずから養わなければならない。

一七九九年の戦役中（※シリア遠征）、余は、八〇リーグ（約四四〇㎞）の砂漠を縦断してアクル（※現シリア）を攻囲し、監視軍団をヨルダンまで進出させた、それは主根拠地のアレクサンドリアから二五〇リーグ（約一、四〇〇㎞）だった。

しかしながら、余は、サリヤから二〇リーグ（約一一〇㎞）の砂漠の中にあるカティアに砦を築き、さらに三〇リーグ（約一七〇㎞）のアル・アリッシュに、そして目標まで二〇リーグ（約一一〇㎞）のガザに砦を築いた。

したがって、二五〇リーグの後方連絡線には、連絡線を維持確保し敵の攻撃に耐え得る六個の強力な砦があり、余は何らの心配をする必要もなかった。現実に、四つの会戦で、補給縦隊や伝令が大きな妨害をうけたことはなかった。

エジプトで編成したラクダ編成の連隊は、砂漠になれており、カイロ～アクルの間の後方連絡線の維持にあたった。余は、二万人の兵士でエジプト、パレスチナ、およびガリラヤ（※現イスラエル北部）を占領し、この地域はおよそ三万リーグ（約一七万㎞）の三角形を形成していた。アクルの余の作戦司令部から上部エジプトのドセイ将軍の司令部まで三〇〇リーグ（約一、七〇〇㎞）以上の距離があった。

（ナポレオン書簡集三一巻）

シリア遠征の総兵力は縮小編成の四個師団、小規模の騎兵隊、野砲五二門など一万三〇〇〇人。ラクダ三〇〇〇頭およびロバ三〇〇〇頭で糧食や水を運搬し、病院車も準備した。トルコ軍本拠地アクル城塞の攻防で三月下旬から五月下旬までの六〇日間激戦がつづき、海路輸送の攻城砲がアクルにとどかず、結果的にフランス軍の敗北となり、戦力を出発時の三分の一以上——戦病死二二〇〇人、戦傷二五〇〇人——失ってカイロへ撤退した。

アクルからの撤退行は辛酸《しんさん》をきわめたが、事前に設定していたヤッファ、ガザ、アル・アリッシュ、カティアなどの砦が撤退軍の避難所（※サービスエリア）となり、軍隊の崩壊をまぬがれた。ナポレオンは突進一点張りではなく、退却までふくめた幅広い常識的かつ柔軟な思考ができた。軍神の軍神たるゆえんである。

ナポレオンは「古代における砂漠という障害は現代ほどおそろしいものではなかった。なぜならば当時の砂漠には街や村が存在し、技術者が多くの障害（問題）を克服していたから。今日では、サリヤからガザまで、ほとんど何ものこっていない。したがって、軍はサリヤ、カティア、およびアル・アリッシェに段階的に根拠地と倉庫を設置しなければならない。軍がシリアから撤退する場合は、まずアル・アリッシュに大規模な倉庫を設置してから、カティアに向かうべき」と、作戦線上の根拠地の重要性を強調している。

ナポレオン戦史を研究した英陸軍退役少将J・F・C・フラーが「機動戦の主眼は、攻撃

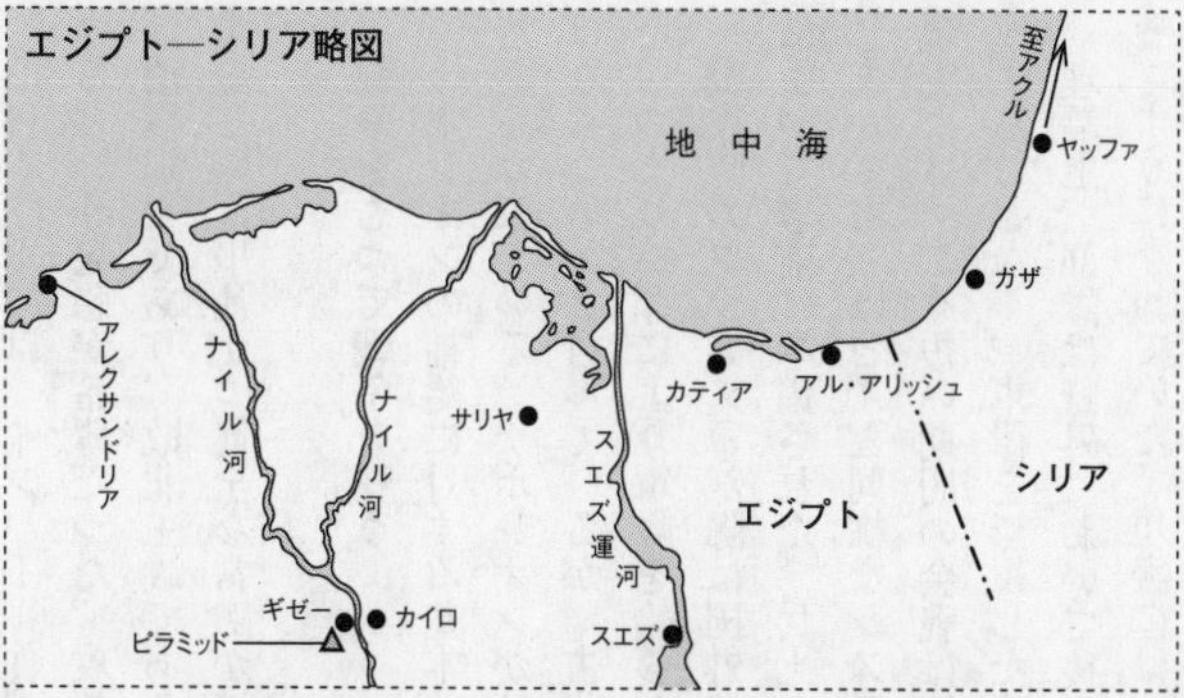

を予期するときはまず防御の諸要素に思いをいたし、防御を予期するときは攻撃の諸要素に思いをいたすべき、ということにつきる。このことは、行軍、宿営、野戦、包囲戦、護衛、退却および追撃のあらゆる場面に適用される。別の言葉にすると、常に剣と楯を準備せよということだ」(『講義録・野外要務令第Ⅲ部』)と述べているように、欧米の軍隊には、作戦にあたって攻撃・防御いずれにも対応できる根拠地を設定するという思想があり、ナポレオン方式にそのルーツがあるようだ。

作戦根拠地(base of operation)は軍が増援部隊および軍需品を得る国土の一部で、攻勢を行う場合の発進地であり、必要な場合には退却の目的地となり、国土防衛のために防勢に転じる場合は軍の支援拠点となる。

(ジョミニ『The Art of War』)

旧日本陸軍には、インパール作戦に見られたように、攻勢一点張りで事前に根拠地を設定するという発想が希薄《きはく》だった。攻勢作戦を立案する段階で防勢作戦や退却のことを考えるのは消極退嬰《たいえい》であり、敗北主義であるといった情緒的な精神論がまかりとおり、剣と楯を準備するという平凡かつ健全な常識が排斥されるという通弊《つうへい》があった。

戦争をもって戦争を養う

ナポレオンの補給に対する基本的な考え方は「戦争をもって戦争を養う」という表現によくあらわれている。ナポレオンが師とあおいだカエサルも「戦争をもって戦争を養わなければならない」と言っているが、古代ローマ軍は侵略した地域の犠牲によって軍隊が生存し得た、つまり掠奪により軍隊を給養したのだ。

戦役時のフランス軍部隊は国外で生活した。平和時、同盟国内において、給養は参謀の手によって事前に準備された。兵士たちは通常民家に宿泊して彼らから食事を得た。戦いがはじまっても、ほとんど同様なシステムがつづいたが、食事や宿泊の費用は支払われなかった。現実には、ごく短い期間の会戦は例外として、田園はまるはだかにされ、正規の徴発隊を編成することなく、軍律を無視した落伍兵が掠奪をおこなった。

理論上、部隊は野外において後方連絡線上に設置された倉庫から補給をうける（※倉庫給養）ようになっていた。現実には、輸送力の不足により最低限のパンと弾薬が補給されたにすぎなかった。部隊が飢えと疲労が原因で大規模な損耗を出したことが推測され、この損耗は帝政末期の一八一二～一四年の大規模な徴集によっていっそう増大した。

一八〇五年のウルム戦役におけるフランス軍の兵站とくに補給については、前章でかんたんにふれた。発足したばかりの大陸軍の各軍団には輸送部隊（輜重）がなかった。したがって、民間業者に荷馬車によるコンボイの編成を発注したが、準備時間も短く、車両と馬匹が決定的に不足し、各軍団の要求に応じることができず、結果として、一部の軍団をのぞいて軍団が通過した地域で掠奪などの不軍規行為が発生している。

軍隊への給養とくに糧食の補給を欠き、強行軍の連続で兵士はねむりながら行軍し、連日の降雨で道路は泥濘となり、ぬれた被服はかわかず、落伍兵・逃亡兵が出たが、ウルム戦役では大勝利を得ることができた。石原莞爾が「これが一八世紀の傭兵部隊であったならば、いかにナポレオンの威望をもって統率しても、全軍の壊滅を見ることは必至」と評したが、大陸軍はこのような逆境をも克服できるかけねなしの精強軍だった。

一八〇五～〇七年戦役といえば、グランド・アルメが頂点をきわめた時期で、一部に掠奪などの不法行為も見られたが全体としては健全な軍隊だった。これ以降は戦域の拡大に比例して軍隊の規模も大きくなり、軍隊の質が必然的に低下するのはさけられなかった。後方連絡線上の倉庫から補給をうける倉庫給養という考え方はやがて非現実的となり、現地の犠牲の上に現地で食するという安易な方式にたよるようになった。

補給システムは理論と現実のギャップが大きかった。肥沃《ひよく》な地域では「現地で食する」ことも可能であったが、特にポーランド、スペイン、ロシアなどのような辺鄙《へんぴ》な地方では、一般的に、糧食、衣料、およびあらゆる補給品が不足した。

ナポレオンがイタリア・ドイツ・ポーランド各地の従属国を、自身の軍事・財政システムに実質的に組み入れることができるようになったのは、一八〇五〜〇七年戦役で勝利を収めて以降のことである。この勝利を機に「大帝国」は、大陸軍に兵員を唯々諾々と提供する装置にほぼ他ならないものになった。補助部隊として兵員を求められるだけではなく、従属国は、フランスが急場しのぎで出してきた「現地で食する」という方策の犠牲にもなった。この便法を革命期の軍隊から受け継いだナポレオンは、これを軸にして、現地での食糧供給策全体を組み立てていくことになる。さらに一八〇五以降のナポレオンは、征服した国相手の「儲かる商売」として戦争を大々的に利用するようにもなった。

（ジェフリー・エリス／杉本淑彦・中山俊訳『ナポレオン帝国』岩波書店、二〇〇八年）

では、占領国は被占領国に何を要求したか？

いささか飛躍するが、太平洋戦争敗戦直後のわが国の一例を紹介しよう。

一九六四年の東京オリンピックで選手村となった現在の代々木公園は練兵場だったが、米軍将校の家族用住宅地（ワシントン・ハイツ）として接収された。東京は焼け野原になっていたにもかかわらず、彼らは給湯システム・水洗トイレ付きの一戸建て住宅を日本政府に要求した。広大な敷地内で占領軍家族は本国とおなじような生活をとうぜんのように享受した。現代の沖縄の米軍基地内の住宅や「思いやり予算」にこの名残がみられる。

これらは基地内だけではなく、占領軍は一等地のビルなどを軍事施設（司令部、兵舎、厚生施設など）として接収し、また上級将校は田園調布など高級住宅地のお屋敷を接収して居住者を追い出し、あたかも王侯貴族のごとくふるまった。

占領米軍は、真駒内のキャンプ・クロフォード（現真駒内駐屯地）と千歳空港をむすぶ軍用道路の建設を要求し、日本政府は一年間の突貫工事により三四・五キロの舗装道路を昭和二十八年（一九五三）十一月に完成させた。安全保障費という特別予算は日本政府の執行である。この道路（現国道三六号）は工事期間の短さから「弾丸道路」とよばれた。

今日ではこれらの事実は人々の記憶から失われてすでに風化している。紹介した例はごく一部にすぎないが、戦争に負けて占領されるということは、このようなことがあたりまえのようにおこなわれるということを意味している。ナポレオンのいう「戦争をもって戦争を養う」にはこのようなこともふくまれている。

とはいえ、ナポレオンが兵站を軽視したわけではない。ナポレオンは兵站とくに補給の重要性をよく理解し、また具体的な手も打っている。次項でこれらをとりあげてみよう。

輸送（輜重兵）大隊の編成

ナポレオンが革命期の軍隊からうけついだ「現地で食する」便法《べんぽう》とは徴発《ちょうはつ》のことで、地方行政組織をつうじて食糧を強制的に提供させた。「軍隊は胃袋で行軍する」とナポレオンは言ったが、意訳すれば「腹が減ってはいくさができぬ」ということ。徴発で食糧をえても、これが兵士の胃袋にとどかなければ意味がない。

徴発した糧食あるいは倉庫に貯蔵されている糧食を第一線部隊に補給するということは、すなわち糧食を第一線部隊まで輸送することである。では、これをだれが担うのか？ すでに述べたように、大陸軍の各軍団には輸送部隊がなく、民間業者（ブライト会社）が契約により荷馬車、輸送チーム、馬丁を軍に提供した。

ナポレオンの軍隊が機動力を重視したことはまちがいないが、民間業者のコンボイ（補給縦列）が軍隊のはやい動きについて行くことは困難あるいは不可能で、現実には糧食が第一線にとどかず、兵士は飢えて戦闘に重大な影響をあたえ、また状況によっては掠奪が発生した。つまり民間業者による輸送には限界があった。

一八〇七年二月八日、ナポレオン軍は厳寒のプロイッシュ・アイラウ（ポーランド）付近に陣地を占領中のロシア軍に対して決戦をいどんだ。この会戦でフランス軍三万人、ロシア軍二万六〇〇〇人の損害が生じ、ナポレオンも敗北を自認するほどであったが、ロシア軍が撤退したことにより、フランス軍はかろうじて現地にふみとどまった。

すでに八日に戦闘が開始されていた。一七九二年以来おこなわれた戦いのなかで最も壮絶な戦いであった。アイラウの平原はことごとく人馬の死体で埋まった。その場に放置された負傷者は不幸にも全員凍死し、雪に埋まってしまった。農家の納屋に運ばれた者も同様の運命をたどった。アイラウの町の入り口に大きな野戦病院があった。負傷者で溢れていた。ほとんどの者が凍傷で手足を切断されていた。暖かいものなど与えたくとも与えられなかった。水やぶどう酒や肉汁を持って行ってやろうとしても、途中ですべて凍ってしまった。凍傷にかかったフランス人負傷者で治癒した者は皆無に近かったが、ロシア兵の方はほとんど治ってしまった。

（『ナポレオン戦線従軍記』）

後年のモスクワ遠征を暗示する凄惨《せいさん》な状況だ。プロイッシュ・アイラウにおける会戦は、イエナ戦役以降上げ潮だったナポレオン軍が戦力転換点をこえたことを暗示する戦いとなった。当初の奇襲効果がうすれ、敵もナポレオンの戦い方を学習しはじめ、ナポレオンもこれまでのように一方的には勝てなくなったのだ。

東プロイセンおよびポーランドへの侵攻は、肥沃な中部ヨーロッパにおける作戦とことなり、給養の困難さがきわだち、またブライト会社の無能によりフランス軍は動くことすらできない状態となった。ナポレオンはこの事態を解決すべく、冬営中の三月に輸送部隊の創設を決断し、またグランド・アルメを改編して、一六万の兵力を整備した。

軍団は二ないし三個師団で構成する。三個師団編成の軍団には一個輸送大隊を配属し、輸送中隊を各師団に指定し、四番目の中隊は兵站監および軍団参謀の要求に対応する。二個師団編成の軍団は三個中隊とし、三番目の中隊は輸送大隊にのこす。

余の意図は、輸送大隊の車輛（ワゴン）はパンの輸送のみに使用することであり、将校または将軍の私物をこれらの車輛に積載することを厳禁する。

余は、陸軍の編成があるべきすがたで完了すると、各軍団は二〇〇両の車輛を保有していることを、確信するものである。

（総経理官ダリューへの指示、一八〇七年三月二七日）

ナポレオンはイエナ戦役以降ブライト会社に軍需品の輸送を委託してきた。「ブライト会社以上に非効率な組織は思いつかない」とナポレオンが酷評しているように、民間会社は軍隊ではなく、ナポレオン方式の戦いについて行くこと自体がどだい無理だった。かくして軍隊みずから軍需品の輸送をおこなうようになり、軍団・師団は兵站機能を持つ自己充足性のある組織となり、画期的なできごととなった。輸送部隊の兵士は輜重兵科の徽章をつけた通常の軍服を着用した。

当初創設された各一四四輛の車輛（ワゴン）を装備する八個輸送大隊はそれぞれ四個中隊で構成された。中隊は三六輛の四頭立て車輛を装備し、四輛を救急車として使用、のこりの車輛を歩兵大隊または騎兵連隊に二輛配当して軍需品とくに食糧の輸送に使用、または司令部の統制下でまとめて段列（補給縦列）として食糧または弾薬の輸送に使用した。

輸送（輜重兵）大隊の編成—1807年

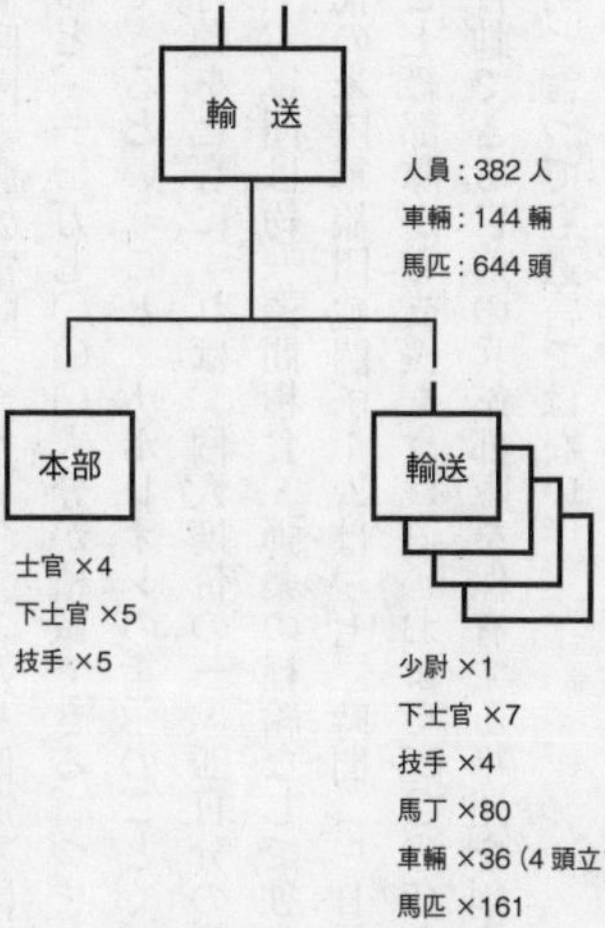

（出典：『Napoleon's Specialst Troop』OSPREY 出版）

では、四頭立て車輛の能力はいったいどれくらいだったのか？　少なく見積もっても車輛の積載量は一トンくらいだった。当時の兵士の一日一人あたりの消費量は三ポンド（約一・三五キロ）といわれ、車輛一両に約七五〇人分が積載できる。四〇〇人前後の歩兵大隊に二両の車輛を配当すると、約一五〇〇人分すなわち歩兵大隊の三〜四日分の糧食が運搬できる。

三個師団編成の軍団（二万五〇〇〇人と仮定）に一個輸送大隊（車輌一四四輌装備）を配属すると、一〇万七〇〇〇人分が積載できる。つまり、計算上は約四日分の糧食を積載して運搬できるということ。ナポレオンの指示のごとく、軍団が約二〇〇輌の車輌を保有して軍団と行動をともにすれば、個人携帯の三〜四日分の糧食と六〇〜八〇発の小銃弾をふくめ、理論上、軍団は約一週間糧食・弾薬の補給なしで独立的に行動できる。

現代の米陸軍旅団戦闘チームは、七二時間（三日間）補給なしで行動し、三日目以降は師団など上級部隊から支援をうける。およそ二〇〇年前に、ナポレオンは、およそ一週間独立して行動できる自前の兵站部隊を保有する軍団を創設した。このことは称賛にあたいする先見の明と言っても過言ではない。

一八一一年の終わり頃、ポーランドにおける兵站組織を改善するための措置が、より攻撃的な性格を取り始めた。一八一二年一月、ダンヒチに食糧供出が命令された。三月一日までに、四〇万人の兵と五万頭の馬匹を五〇日間維持するための食糧が、同地に集積されることになった。そのうえ、さらに「大量の貯蔵物資」が、オーデル河畔に備蓄されることになった。

これらの食糧を運搬するために、輜重隊は大々的に拡張され、遂に二六個大隊を数えるに至った。このうち八個大隊は、各隊それぞれ六〇〇輌の小型、中型荷馬車を装備し、あとの大隊は一・五トンを運搬できる四頭立て馬車二五二輌を装備していた。さらに六〇〇〇頭の予備馬匹も準備された。

（マーチン・ファン・クレフェルト著／佐藤佐三郎訳『補給線』中公文庫）

ナポレオンは、大量の軍需品を準備し、兵站組織を大幅に改善し、大部隊を集結してロシアに侵攻したが、大敗して帝政の命取りになった。軍神ナポレオンといえども、攻勢終末点をこえた作戦には勝利の女神はほほえまない。戦術原則に例外はない。

（これは余談となるが）旧日本陸軍の輜重兵部隊をざっと見てみよう。

日清戦争以前、明治二十三年（一八九〇）の平時編制の師団に、二個中隊編成の輜重兵大隊（人員六二二、馬匹二九八）があった。

日中戦争当時、昭和十二年（一九三七）の平時編制の第三師団には、連隊本部（人員二七、馬匹一〇）、馬廠（人員六二、馬匹四六）、および六個中隊（各中隊人員五六二、馬匹三二六）からなる輜重兵連隊（人員三、四六一、馬匹二、六一二）があった。

旧陸軍では、三八式（明治三十八年制式）二輪輜重車による輸送が太平洋戦争の最後までおこなわれた。自動車による輸送もおこなわれたが、運搬車（荷車）を馬でひく方式は、ナポレオンの時代（一九世紀初期）から進歩していない。旧陸軍の輜重兵大隊・連隊は、ナポレオンが創設した輸送（輜重兵）大隊にその原点があった。

補給縦列（コンボイ）の編成

輸送大隊が正規の軍隊として編成されたが、糧食を第一線部隊に補給するためには、各車輛をまとめてコンボイ（補給縦列）を組み、ある補給倉庫から第一線部隊所在地まで、距離に応じた日数を単独で輸送する。軍全体が行軍する場合はその一部として行軍するが、戦線が固定すると、補給縦列の行動は独立的にならざるを得ない。

フランス国内や同盟国内での輸送は、地形および天候・気象のリスクはあるが、敵に襲われるという危険性はほとんどない。しかしながら、敵地においては、戦闘力が皆無のコンボイは格好の襲撃目標になる。一八〇八年スペインに侵攻したフランス軍はパルチザンという想定外の敵に遭遇することになり、コンボイはもっともぜい弱で襲撃容易な対象になった。このようにしてコンボイの防護が現実的な課題として浮上した。（※パルチザンに関しては第七章でとりあげる）

縦隊を形成する歩兵、騎兵、および砲兵はコンボイとともに行軍し、コンボイを抱きかかえて露営し、そして何だかんだと理屈をつけて縦隊とコンボイを分離すべきではない。コンボイが佐官に指揮され、かつ一、五〇〇人の兵士——歩兵および騎兵（輸送兵、砲兵、工兵、および輸送段列は含まない）――に護衛されていない場合は、決してコンボイを分離してはいけない。

（ナポレオン書簡集二四巻）

歩兵・騎兵・砲兵というナポレオン軍の屋台骨である主力戦闘部隊から見ると、輸送兵のコンボイは泥くさく動きもにぶく、なんとなく異質の存在であった。また、発足当初の輸送兵は非武装で、戦闘部隊にたよらざるを得ないというのが実態だった。

旧日本陸軍に「輜重輪卒《しちょうゆそつ》が兵隊ならば蝶々《ちょうちょ》トンボも鳥のうち」という輜重をかるく見る風潮があったが、当時のフランス軍にも似たような雰囲気があった。が、コンボイがパルチザンなどの襲撃目標になり、補給がとどかなくなるという現実にかんがみ、この対策として、ナポレオンも輸送兵の武装を指示するにいたった。

ナポレオンは「貴下は直ちに輸送兵に騎銃を供給すべし。余は、なぜコンボイの指揮官が近くの配属可能な騎兵を車輛の防護に使用しないのか、まったく理解できない。輸送兵に歩兵の基本的な機動訓練をほどこして、装填し、射撃し、そしてなによりも徒歩で行軍して、自らコンボイを守ることができるようにすることが必要である。このことにより、コンボイの安全と輸送部隊の名誉に大きく貢献し、輸送兵が軍の一員であることを実感するようになるであろう」と、総経理官ダリューに指示している。

通常のコンボイは、大隊教練を終えた精強な歩兵に護衛され、縦列内の各車輌には五輌ごとに乗馬護衛、一二輌ごとに徒歩護衛がつき、輸送中隊では八〇人の歩兵および八人の騎兵が護衛することになり、輸送大隊全体では歩兵二四〇人、騎兵二四人、および大砲一門となる。状況によっては、護衛の数は二倍または四倍に増強されることもあるが、これがコンボイを防護する基本的な態勢である。

輸送中隊は兵士の食事および馬匹の給水のために一時間だけ休止し、車輌は道路の両側に駐車する。二列の駐車線では、各車輌は前後を密着させ、二列の長い長方形の側方は車輌自体で防護し、解放された正面と後尾は護衛が防護する。五輌の車輌ごとに騎銃を持った輸送中隊の兵士が車上に配置される。輸送大隊は同様な方法で行軍し、路上の行軍長径は二、一六〇フィート（約五〇〇ｍ）をしめる。

五〇〇ないし六〇〇台の車輌をふくむコンボイは駐車して二つの方形陣を形成する、これらは三個輸送大隊の一個と他の二個である。これら二つの駐車場（パーク）は可能なかぎりおたがいを視野に入れ、隘路や橋の出口のような要点を占領して安全を確保する。これら駐車場の周囲には、毎晩、野戦築城をほどこさなければならない。

（ナポレオン書簡集三一巻）

衛生サービス

ナポレオン軍の衛生サービスは、内科医、外科医、および薬剤師の三者が担った。各軍司令部ではこれら三者の代表が軍全体の衛生サービスを統制した。師団では軍医少佐（外科医）が看護長の補佐をうけて救急車の運用を指揮監督した。連隊では所属の軍医少佐（外科医）と数人の看護兵が戦場で応急治療をおこなった。衛生サービスの系統は、連隊が第一線で負傷者を治療し、師団が負傷者を救急車で後送し、軍団が移動病院を開設して患者を収容する、という縦の系列である。

四種類の野戦病院が必要である。これらは連隊病院、師団病院、軍団病院、および予備野戦病院すなわち総司令部所在地の中央野戦病院。

連隊野戦病院は、とくに衛生隊の一部将校で構成し、医療資材、移動時に必要な資材運搬車、および衛生活動に必要な人員（※看護兵）から成る。連隊野戦病院は大佐（※連隊長）の指揮をうけ、連隊と行動をともにする。これはもっとも重要な事項である。なぜならば、軍隊の士気・団結のためには、連隊に衛生将校が配属され、彼らが連隊将校団の仲間として処遇されることが不可欠であるから。

連隊野戦病院の人員は、二人多くても三人の軍医と医療資材運搬車で構成する。連隊野戦病院では病気の治療はおこなわず、要塞都市の占領にもかかわらないことなどを考慮すると、各連隊には四人の軍医がのぞましく、そのうちの一人を師団の救急車に配置する。したがって師団野戦病院には（各連隊から配置された軍医が）四人存在する。二番目の野戦病院は師団野戦病院で、行政官、衛生将校、および二輌の資材運搬車で構成。この組織で明瞭に言えることは、師団野戦病院の指揮官は連隊の所属ではなく、彼は各連隊を平等にあつかい、軍医少佐を特定の連隊に配置することはない。したがって必要なことは、軍医少佐を特殊技能者としてあつかい、各師団のめんどうをみさせることだ。

軍団野戦病院は軽快に動ける乗馬編成で、移動病院と呼ぶのがふさわしい。

（クラーク将軍への指示、一八〇九年一月二九日）

野戦病院とは衛生部隊のことである。衛生サービスを体系づけたことは、輸送大隊の創設と同様にナポレオンの独創で、それなりに評価されよう。とはいえ、当時の軍医および看護兵は一般軍人同様に国際法で保護されることもなく、また一九世紀初期の戦陣医療の現場は悲惨だったようだ。両角良彦著『反ナポレオン考』（朝日選書）にその実態（「医療無残」一八七〜一九三ページ）が詳述されているので、その一部を紹介する。

戦場での死亡率を著しく高めた責任の半分は非能率そのものの医療組織に在った。負傷兵の収容は前線の救急隊（一八〇八年創設）、後方収容所、野戦病院の三段階に分かれていた。しかし赤十字条約のなかった時代のことで、軍医も衛生兵も戦闘員扱いであり、いつ捕虜にされるかわからない。したがって戦闘停止後一時間もしなければ前線に出動しなかったし、またできもしなかった。ボロディノの激戦のさなかに、外科軍医の三分の一は到着しておらず、救急車は二四キロ後方に留まっていたという状況からすべてが推察できよう。しかも軍医は近衛軍を除いて戦時だけの臨時雇いで、軍籍もなく、馬も与えられず、平時になればさっさと解雇されるようでは、有能な人材が集まるはずがなかった。

「エイロウ（※アイラウ）の会戦のあと、切断された脚や腕が戸外に投げ出され、軍医は血にまみれ、哀れな将兵は寝ワラもなく、零下一六度の寒さに震えている。ラレイ軍医は二〇時間も不休で手術を続けながら、その迅速な腕前で肩関節を二分間で切断した。馬上で通りかかったナポレオンは、四散する人肉を踏まぬよう気を遣ったが、ついに諦め、馬を下りて、手綱を放し、涙を流した」（チュリオ軍医）

（両角良彦著『反ナポレオン考』）

アイラウ会戦（一八〇七年二月八日）の二週間前、ナポレオンは「野戦病院とは別に、いくつかの麦わらを積んだ現地車輛隊を民間業者に発注して、戦場におもむき、戦闘後ただちに負傷者を収容するよう準備させることがきわめて重要。各一〇輛から成る一〇隊の車輛隊を準備すればじゅうぶんで、トータルで一〇〇輛となる。これらは野戦病院から独立した組織で、どの部隊にも配属できる。これはもっとも確実かつ不可欠な手段であるが、これらが真に役に立つためには、これらの車輛は、戦闘終了直後に戦場に到着して、夜に入るまでにすべての負傷者を後送できなければならない」と、総経理官ダリューへ指示している。

ナポレオンが衛生サービスに関心を持ち、努力したことはまちがいないが、理論と現場の実態は大きくかけ離れていた。

第六章　将帥ナポレオン

ナポレオンの司令部は二層構造だった

ナポレオンは、国務（政治、外交、経済など）も軍務（軍政・軍令）も、絶対権力者すなわち独裁者として、すべてをひとりでとりしきった。ナポレオンの軍隊が精強だったのはこれに由来し、またナポレオンの軍隊が崩壊したのもこれに因る。

ナポレオンの国家は、ある一点で、フランス革命の過去だけではなく、旧体制ともおおきく断絶していた。国家元首職と現役の軍最高司令官とを分離する共和制の原理に対して、たしかに当初は口先ながらも配慮を示していたナポレオンであったが、結局のところ、この二つのポストを兼任したのである。こうして、文民と軍人のそれぞれ最上級職が、ひとりの人間のなかで一体化され、従来この二つのポストのあいだで頻発してきた悶着が新機構内で生じることはなかった。資源を戦争に動員するうえで、文民機構のエートスが形づくられるうえで、この兼任が有していた意味は、極めて大きかった。（ジェフリー・エリス／杉本淑彦・中山俊訳『ナポレオン帝国』）

帝政中央軍事機構の軍政をつかさどる陸軍省は、ひんぱんに改編をくり返したが、一八〇二年に大改革をおこなって陸軍省と陸軍管理省のふたつに分かれた。陸軍省は旧陸軍省の中核となる部門すなわち徴兵、人事（昇進）、給与、軍人恩給をひきつぎ、これに部隊移動および砲兵運用の事務処理がプラスされた。陸軍管理省は兵站の重要な部門すなわち衛生（軍病院）および輜重（軍需品の輸送）の組織化、糧食および被服の補給を担当した。さらに、国務院（内閣、行政執行機関）に戦争担当特別課がもうけられた。

軍令機構を代表するのが参謀本部であるが、ナポレオンの時代には参謀本部はなく、この機能を三つの司令部——宮内府武官部（メゾン）、国軍総司令部、兵站司令部——が兼ねた。

メゾンはナポレオンの私設司令部ともいうべき機構で、戦時においてですら、フランス帝国を統治し軍隊を指揮した。ナポレオンは皇帝側近の参謀（将官）を手足として使い、彼ら将軍たちは停戦協定の調整から特殊任務部隊の指揮まであらゆる任務をこなした。メゾンは情報関連の業務も一手にとりあつかった。

メゾンの下に国軍総司令部と兵站司令部が置かれた。総司令部の長がベルティエで、彼

ナポレオン帝政の軍事機構

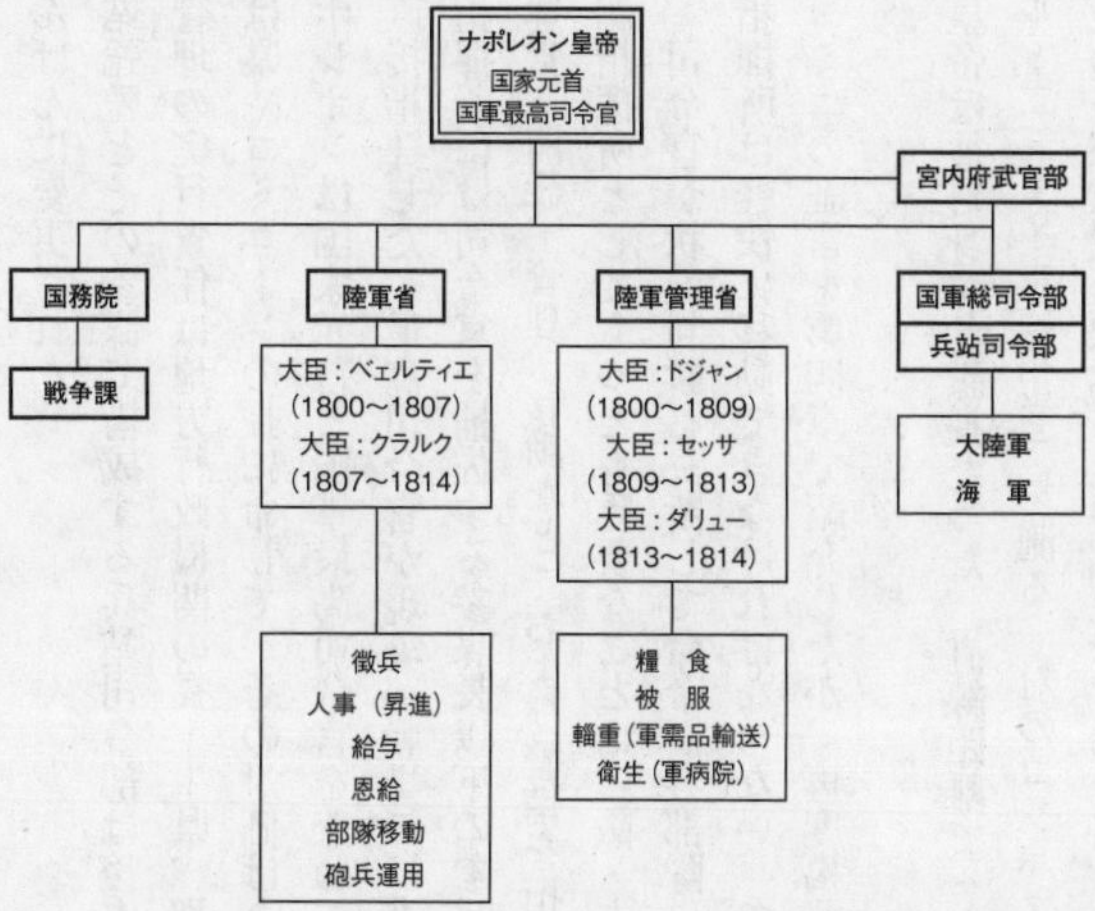

はふたつの部局を指揮した。ひとつは総参謀部ですべての報告、通報、および軍務全般に関する事務を所掌。もうひとつは騎兵部で偵察、行軍、および軍隊の移動にかんするあらゆる事務を所掌。またベェルティエは一八〇〇年から一八〇七年まで陸軍大臣でもあった。

総司令部自体は四部門に分かれていた。

一、部隊移動および情報（ベェルティエの直轄）。

二、記録および人事。

三、司令部の運営および警備。

四、捕虜、脱走兵、および法務関連。

このほかに特別参謀部門があり、これらは地図の補給責任を有する地理局、砲兵・工兵・憲兵の各参謀部、および未配属将校の一時的な待機所であった。参謀組織は毎年ひんぱんに変更された。

兵站総監とその参謀で構成する兵站司令部は後方関係の事務を所掌した。軍の兵站および行政管理の実行責任は地方行政機関の長——県、郡、小郡、コミューン——にあった。現地調達は県やコミューンの長に命じて、その対価はきちんと支払われた。

ナポレオンは国家元首と国軍最高司令官を兼ねており、戦役ではみずからグランド・アルメを直接指揮した。最高司令官が現場（戦場）に進出すれば、司令部は前線戦闘指揮所となり、指揮所には司令官を補佐する参謀長以下の参謀が配置され、司令部付隊や近衛兵が指揮所の運営（開設、管理、移動など）および警備を担当した。

戦闘指揮所としてもっとも重要なことは、敵・友軍・地形などすべての情報が指揮所に集まり、司令官が状況判断し決断して命令が各部隊にただちに伝わる機能があることだ。同時に、指揮所は軽快に移動できなければならない。参謀としてナポレオンの仕事ぶりを目撃したジョミニの証言を第四章で紹介したが、再度掲載する。

皇帝は彼自身が参謀長だった。直線距離で一七マイルから二〇マイル（路上距離二二マイル～二五マイルに相当）を測る一対《いっつい》のコンパスを使って、異なる色のピンで軍団の位置と敵の予想位置を標示した地図上で、おりまげたり全長をひきのばしたりして、彼は驚異的な正確さと精密さで、それぞれの部隊に広範囲の移動命令をあたえることができた。彼は図上の一点から一点へとコンパスを動かして、各縦隊が某日までに到達すべき目標をまたたく間に決定し、それから、ピンを新しい位置に移して、各縦隊に付与する行軍速度と出発時間を頭に入れながら、かの有名な口述命令を筆記させた。

指揮所内の図盤に地図（戦況図）が展開され、敵と友軍の最新の位置が異なる色のピンで標示されている。この戦況図を見れば戦場全体の現況は一目瞭然だ。ナポレオンはみずから各軍団の移動目標と移動経路を決定して、各別命令を参謀に口述筆記させた。命令は一部だけ羽ペンとインクで筆記し、これを参謀が騎馬伝令となって各軍団に下達する。参謀は命令を伝達し、説明し、ときには命令の実行を監督する。この間にも、各軍団から騎馬伝令が到着し、あるいは派遣されていた参謀が帰着して、各軍団の状況を報告する。

指揮所は野外天幕の場合もあれば、家屋の場合もあった。ベェルティエ参謀長は常時ナポレオンの側にいたようだが、彼はいったい何をしていたのか？

参謀長のベェルティエは、いつでも、戦闘時には余のそばで終日そして夜は彼の机ですごし、これ以上の活動、思いやり、勇気、そして知識を兼ね備えることは不可能である。彼は積極進取で、かつ参謀部のいかなる業務においても調査結果を無視することなく部下の報告に耳をかたむけた。彼は優柔不断な性格で指揮官にはまったく向いていなかったが、有能な参謀長にもとめられる資質のすべてを備えていた。彼は地理に精通し、偵察部隊の動きを理解し、命令によりみずから現地を視察し、そして軍隊のもっとも複雑な行動を簡潔に要約することができた。

（ナポレオン書簡集一、二九巻）

ベェルティエ参謀長は、終日、あらゆる情報の報告を直接うけ、状況図をいつでも最新の状態に整理してナポレオンの状況判断に供した。「軍隊のもっとも複雑な行動を簡潔に要約することができた」という人物評がこれを証明している。ナポレオンのようなトップダウン型の指揮官には、ベェルティエはまたとない参謀長であった。

ナポレオンは「戦争では頑健であることが不可欠だ。なぜならば、指揮官が仕事をしなければならないのは夜だから」、「指揮官たる者は寝るべきではない」と言っているが、彼はまさに不眠不休で活動し、ときには「午前二時の決断」をすることもあった。

戦域が広大になればなるほど、指揮所が全体の状況を掌握できるのは深夜になることが多く、この時間帯に指揮官が寝ていると敵に奇襲されることもあり得る。状況図がいつ見ても最新の状態になっていると軽く言うが、このことは言うに易くおこなうに難いのである。ナポレオンにとってベェルティエ参謀長の存在は心強かった。

カッシーニ地形図

広域にわたる陸戦には正確な地形図が不可欠。前項で指揮所の情景を描写したが、ナポレオンが精巧な地図を使用していたことはまちがいない。「余が欲する地図はカッシーニ地形図と同縮尺」とナポレオンは地形図の縮尺まで具体的に要求している。

では、カッシーニ地形図とは何か？

カッシーニ地形図は世界最初の地形図、カッシーニ家四代がおよそ一五〇年間事業（三角測量・地図作成）を継続、一八一五年にフランス全土の地形図が完成。縮尺八万六四〇〇分の一（一センチ・八六四メートル）、全土で一八二枚、凹版カラー印刷だった。

カッシーニ家は一六八三年から一七八九年にかけて三角測量を、二〇〇人で二〇平方キロごと二回、フランス全土でおこない、一七五六年から一八一五年の間に地形図を作成した。

したがって、ナポレオンはフランス全土のカッシーニ地形図を利用できた。

カッシーニ地形図には、河川、道路、市街地、集落、耕作地、森林などが詳細に描写されているが、山の標高や等高線は表示されていない。この地図に、河川の渡渉点（浅瀬）、道路素質、峠、あい路などを加筆すれば、軍事用地図としては遜色《そんしょく》ない。

わが国では、伊能忠敬《いのうただたか》が個人で一八〇〇年から、幕府直轄事業として一八〇五年から一八二一年にかけて全国を測量して、一八二一年「大日本沿海輿地《よち》全図」（伊能図）が完成した。

伊能図の大図は縮尺三万六〇〇〇分の一、全二一四図、河川、道路、集落などが正確にえがかれている。

われわれはモンブラン、ピエモンテ州、イタリア共和国、リグリア州、および教皇領の地図を作製しなければならない。したがって、測量技師（工兵）の仕事がなくなることはない。

測量技師は何でもできる専門職だ。余は、カッシーニ地形図の完成以上のいかなることをも彼らに要求したことはない。作戦は過度に広い範囲に指向されるものではないと確信している。余の経験から、地理局の仕事の最大の欠陥はあまりにも多くのことをやろうとすること、と言える。そしてその結果は真に必要なことが満たされないということだ。砲兵の移動の適否を判別するためにそれぞれの道路を明確に評価するよう、測量技師に対して特別に指示すべし。黒い森のすべての出口が正確に特定できれば、この地図はわれわれが保有する地図のなかでもっとも重要なもののひとつとなろう。

（ナポレオン書簡集一五巻）

ナポレオンは戦役を開始するはるか以前から予想戦場地域の情報を収集した。これらは作戦にかんする地誌情報（兵要地誌）が主で、二ないし三人の測量技師（工兵）をこれらの調査に指定し、軍隊が行軍するとき、その国を調査した測量技師を、必要なあらゆる情報を提供できるよう、いつでも、司令部に同行させた。

道路の長さ、幅、および質を標示し、道路の迂回路を正確に写生し、状況により地形の特異事項のみ説明する。河川も同様に注意深く調査し計測して、橋梁や渡渉点を表示する。町や村の家屋数と人口を明示する。制高点が判定できるように、可能なかぎり、丘陵および山岳の標高を計測する、これらの高地は相互の相対的関係においてのみ必要である。いたずらに細部へこだわることや数の多さをもとめることは不要で、シンプルな方法で観察者の目でいかに冷静に記述するか、ということをいつも心がけるべきだ。

（ナポレオン書簡集三二巻）

情報といえば、敵の兵力、編成、行動などにかんする資料が一般的であるが、陸戦とくに長距離の部隊移動（砲兵・輜重の車輛をふくむ）においては道路、あい路、河川、橋梁、渡渉点など、戦場地域においては全体を支配する高地・丘陵など、兵士の給養の観点からは町村、家屋、人口、耕作地などの資料が不可欠である。

ナポレオンは準備なしでやみくもに戦争をしたのではなく、戦略・戦術の基盤となる情報をしたたかに収集してから戦争をはじめた。地図には各種情報資料が集約されており、ナポレオンが地図にこだわったのはとうぜんだった。

ヨーロッパの各国は、カッシーニ地形図ほど精巧ではないが、独自の地図整備をおこなっていたことはまちがいない。ナポレオンはこれらの地図を手に入れ、所要の情報資料で補強して、作戦計画の立案や戦闘指導に生かした。

一八二〇年～一八六六年、ナポレオン三世の時代、カッシーニ地形図は軍用基本図（エタマジョール地図）におきかえられた。三角測量を四万分の一で細密におこない、紙の地図は八万分の一で作成し、地形もこまかく表示した。

わが国では、明治二十一年（一八八八）に参謀本部陸地測量部（※国土地理院の前身）が設置され、全国の五万分の一地形図が大正十四年（一九二四）に完成した。五万分の一地形図にはあらゆる地誌情報が表示され、軍事機密としてあつかわれた。筆者も現役時代には五万分の一地形図に大いに親しんだものだ。

今日では、ＧＰＳ（地球測位システム）やグーグル地図のおかげで、私たちは地球上のいかなる地点をも宇宙から俯瞰《ふかん》できるようになった。それでも作戦の立案、戦闘指導などにおいて地形図の重要性にはいささかの変化もない。現代でもナポレオン時代と同様に正確な地形図なくしては戦争とくに陸戦はおこなえない。

ナポレオンの状況判断

ジョミニの『戦争術概論（英訳 The Art of War）』第六章（ロジスティックすなわち部隊移動の術）に、「状況判断」にかんする内容が具体的に叙述されている。ナポレオンの司令部には作戦部の機能がなく、作戦構想の立案（作戦見積）、作戦計画の策定、作戦命令の起案・下達（口述）などいっさいをナポレオンみずからおこなった。

これがナポレオンのやり方であった。ジョミニは一八〇六年のイエナ会戦の例をひいて、ナポレオンの状況判断のプロセスを推測している。作戦幕僚がおこなうプロセス（作戦見積）と指揮官がおこなうプロセス（状況判断）は同一内容であるが、ナポレオンは作戦幕僚の補佐をうけることなく、これをひとりでおこなった。

上述の方法（偵察、スパイ、斥候、通信、捕虜・逃亡者への尋問など）で敵の移動にかんする正確な情報を得ることができない場合、司令官は、彼我の状況から判断して敵が採用でき、かつ戦術原則に反しない実行可能な仮説を準拠として、数個のわが行動方針を策定できないかぎり、決して行動をおこすべきではない。

私は、司令官がこのような事前対策をおこなうことにより、しばしば見られたような事例、すなわち予期しなかった事態におちいって破滅することはないと確信する。なぜならば、彼が軍の統率に総体的に不適格でないかぎり、敵の可能行動について最小限でも合理的な推測をおこない、これら各仮説に応じた行動方針を確定することができるから。

軍事的天才の真の秘密が、いかなる状況であれ、このような合理的な判断をおこなうことができる能力にあるということは、過度に強調されるべきではない。であるが、こういう事例がすくないからといって、このような状況判断に役立つ高度な手法が、なぜ現状のように無視されているのか大いに不思議である。

（ジョミニ著『The Art of War』）

ジョミニの著書によると、イエナ会戦の一ヵ月前に、ジョミニはプロシア軍が採用することができる可能行動として、仮説を三案列挙している。

●エルベ河後方でフランス軍の攻撃を待ちうけ、ロシア軍およびオーストリア軍の援助を期待しつつ、オーデル河までの間で防御する（第一案）。

●左翼をボヘミアの国境に依託《いたく》して、フランコニヤ山系の各峠を防御しつつ、ザーレ河に向かって前進する。（第二案）

●マイエンス大街道でフランス軍との遭遇を予期しながら、エルフルトへ向かって前進する。（第三案）

この三案に対してフランス軍がとるべき攻勢方向は「すでにババリヤ地方に集中している

フランス軍主力は、ゲラおよびホーフ道をへて、プロシア軍の左翼に向かって殺到すべし。その理由は、プロシア軍がいずれの案を採用しても、会戦の決勝点はこの方向にあるから」とジョミニは明快な結論を出している。現実にイエナ会戦（一八〇六年十月）はジョミニの見積のとおりに経過して、フランス軍が圧勝した。

余は司令部をバンベルクに移し、全軍をレグニッツ河畔に集結した。プロイセン王は、マイン川へ進出すればマインツ以北の余の後方連絡線を遮断して余の前進を阻止できる、と信じた。しかしながら、フランス軍の後方連絡線はもはやマインツを根拠地としていなかった。後方連絡線はクローナの要塞――ザクセンから始まる山地の外側に位置――からレグニッツ川に面した要塞都市のフォルヒハイムに至り、そこからはストラスブールにつながっていた。（※当時フランス軍は南ドイツの各地に分散駐留していた）したがって、プロイセン軍の前進にかんして何らの不安もなく、余は三縦隊で前進を開始した。プロイセン軍は、ワイマール～アウエルシュテット間で前衛を支援するためにすでにマイン方面に向かって移動中だったが、フランス軍の動きを知って停止した。

余はエルベ川およびベルリンをプロイセン軍から遮断して、そのすべての補給倉庫をうばってフランス軍の給養にあてた。敵は、戦闘する以前に絶望的な態勢におかれていることに気付いて、マグデブルクはごく近くにあり、かつプロイセンの首都はエルベ川から二日行程にもかかわらず、プロイセン軍は撃破され、分断されて、退却すらできなかった。フリードリヒ大王の由緒ある軍隊で、プロシア王をのぞいて逃れた兵士および騎兵はごくわずかにすぎなかった。

（ナポレオン書簡集三一巻）

イエナ会戦の前夜、ネイ軍団（第六軍団）参謀長だったジョミニは、マインツのフランス軍司令部でナポレオンとはじめて対面した。「このとき直参の参謀に任命された彼は、四日あとにバンベルクで再会しましょうと大言壮語し、皇帝をおどろかせた。フランス軍の進路先はまだ内密だったからである」（『ジョミニの戦略理論』の解説）というエピソードがある。

一八〇六年ハ一八〇五年ト共ニ「ナポレオン」ノ尤モ光輝アル戦捷ナリ。新戦略ヲ解セザル旧式軍ニ対シナポレオンノ迅速ナル迂回ハ遂ニ「ウルム」及「イエナ」ノ大捷利ヲ得、「イエナ」後ノソノ有利ナル態勢ヲ利用セル迅速果敢ナル追撃ハ、倉庫給養ニナリテ迅速ナル行動ヲ解セザル「プロシア」軍ヲ全滅セシムルニ至レリ。

（石原莞爾「欧州古戦史講義」）

・ナポレオンは「戦いは計算ぬきには成り立たない。細部にわたって徹底して熟考しなければ勝利にむすびつかない。重要なことは、それを成功させるためにじゅうぶんな時間をかけてじっくりと考え、いったい何がおきるのか数ヵ月間思考をめぐらせるべきだ。余が多くの予防策を立てるのは、いかなるチャンスをも逃さないという余の習慣からだ」と述べている。

イエナ会戦の全体構想はナポレオン流の熟考から生まれ、とうぜん、徹底した情報収集もおこなわれたであろう。紹介したエピソードからうかがわれるように、ナポレオンの思考プロセスとジョミニのそれは一致しており、論理的につめたジョミニの結論がナポレオンの結論とおなじだったことはたんなる偶然ではない。

ジョミニは、戦争にはこれを成功にみちびくための原理がかならず存在し、これにもとづく原則をあきらかにすることができる、との確信のもとに兵学理論の研究につとめた。その集大成が、一八三八年にパリで公刊された『戦争術概論』二巻本である。

アメリカ兵学はジョミニに負うところ大であったといえよう。ジョミニの晩年に起こったアメリカ南北戦争では、両軍陸戦指揮官の多くがジョミニの戦略書をひもときつつ、その原則を遵奉して戦いを指導したとも伝えられている。そして今日の米軍教書内にも、ジョミニに源を発する原則、方式の数多くが見出される。

（佐藤徳太郎著『ジョミニ・戦争概論』原書房）

米陸軍士官学校（ウエスト・ポイント）のG・H・メンデル大尉およびW・P・グレイヒル中尉は共同でジョミニ著『戦争術概論』を英語に翻訳し、『The Art of War』のタイトルで、一八六二年一月にフィラデルフィアで出版された。

アメリカの南北戦争は一八六一年から六五年までつづいた国内戦。南軍・北軍の司令官・指揮官たちは、ジョミニが著述した最新の軍事理論を学び、戦場で応用し、ジョミニ理論の有効性を確信した。佐藤徳太郎氏が指摘しているように、ジョミニの『戦争概論』はやがて米陸軍フィールド・マニュアル『Operations』へと進化する。

今日では、米陸軍の「状況判断プロセス」や陸上自衛隊の「作戦見積」・「状況判断の思考過程」は、フィールド・マニュアルや教範に規定され、教育訓練の資としてだれでも学べる形式知となっている。その原点はジョミニの『戦争術概論』であり、さかのぼればナポレオンに到達する。

ナポレオン語録

ナポレオンには、残念というほかないが、彼が直接筆をとった戦略・戦術書はない。とはいえ、彼の書簡集や箴言集に、彼の戦略・戦術・戦法など思考の一端をうかがわせる語録が多くあり、これらの一部を抜粋《ばっすい》して紹介する。

会戦計画の策定にあたり、敵が採用し得るあらゆる可能行動を見積もり、必要な解決策をあらかじめ講じておくべし。実行の段階で、各期の計画は情勢の変化、指揮官の資質、部隊の状態および戦場の特性に応じて修正すべし。（第二箴言）

この箴言には若干の補足説明が必要である。大規模作戦の場合、通常、全般作戦計画を作成してこれを各軍団長にしめす。実行の段階で変更事項が生じた場合はそのつどそれを各軍団長にしめす。このようにしておけば、たとえ軍団長との通信が途絶えても、軍団長は全般の動きがわかっているので独断専行できる。

であるが、ナポレオンは全般作戦計画を各軍団長にしめさず、各軍団長に対して各別に命令を与えた。したがって全般構想はナポレオンの頭のなかにだけ存在した。ナポレオンが戦場に進出すれば軍は全般構想にもとづいて作戦を遂行できるが、この場合、軍団長はたんなる駒として命令を実行するだけだ。つまりナポレオンのもとでは上級指揮官が育たなかったということ。

会戦をはじめるにあたり、前進すべきか否かの問題には、慎重な配慮がもとめられる。ひとたび攻勢を決意したならば、徹頭徹尾それを追求しなければならない。退却は、きわめてこうみょうな機動であり、勝利の機会が失われてみずからの運命を敵手にゆだねることであり、いつでも軍隊に深刻な士気の低下をもたらす。さらに、退却は血みどろの激戦以上に兵士と装備に甚大な損害をもたらす。戦闘では敵もわれと同等の損害を生じるが、退却では一方的にわれわれに損害が生じる。（第六箴言）

将軍は日になんども自問すべし。「もし敵がわが部隊の左または右に出現したら、われは何をなすべきか？」と。そして、もし彼が不安をおぼえることがあれば、部隊の配置がまちがっている。何かがまちがっている。彼はまちがいを正さなければならない。（第八箴言）

不利な態勢におちいった凡庸《ぼんよう》な将軍は、優勢な敵から奇襲されると、安全な退却を模索しがちである。しかしながら、偉大な将帥は究極の決断をして敵に向かって前進する。この決断が敵をろうばいさせ、そして敵方への前進が敵将を遅疑逡巡させれば、有能な将軍は敵を不決断においこんだその瞬間から勝利への確信をいだく。すなわちすくなくとも昼間は機動して夜間に野戦築城で陣地を強化するか、あるいは後方の有利な陣地へ撤退することができる。（第一八箴言）

防勢から攻勢への移転は、戦争（戦役）において、もっとも慎重な配慮が必要となる作

戦のひとつである。（第一九箴言）

戦闘する前日の昼間に部隊の配属を解いてはいけない、なぜならば、状況は夜間に変化するかもしれないからである。敵が退却することもあれば、敵のあらたな増援が到着することもあるからだ。（第二八箴言）

戦闘を予期するときは、指揮下の全兵力を結集して遊兵《ゆうべ》（※任務を与えられない部隊）を作ってはいけない、という根本的な原則がある。一個大隊がときとしてその日の戦闘をきめることがある。（第二九箴言）

偉大な将帥であることは、けっしてチャンスと幸運にめぐまれつづけた行動の結果ではない。それらは熟慮と天賦《てんぷ》の才の結果である。（第八二箴言）

戦いにはほんの一瞬だけ勝機があり、卓越した戦術眼がそれをつかむ。（第九五箴言）

戦争を宣言した時点では、それに先立つ数年間の準備があるものだ。余には、余が成すべきことを三ないし四ヶ月先行して考え、具体的な戦略・戦術を確定するという習慣がある。余はおこり得る最悪の事態を根拠として見積もりをおこなう。余がこの習慣をもっている理由は、多くの予防策を事前に講じておけば、なにごとも運まかせにすることはないからだ。（ナポレオン書簡集一〇、一三、一六巻）

戦争では堅実かつ精密な思想をもつことが必要である。戦争に勝利するのは安全かつじゅうぶんに練られた計画による。戦役を計画するとき、余以上におくびょうな人間はいない。余は、おこり得るあらゆる危険と災難を、故意に過大視する。余はまったくひどい興奮状態となって、側近に対しても晴れやかな顔を見せることができなくなり、子供のようになやむ未婚の乙女とおなじ状態になる。だが、ひとたび決断すると、余は、成功への道筋をのぞいて、すべてを忘れてしまう。（ナポレオン書簡集一七巻）

戦術はシンプルな術で、それを実行するかどうかにすべてがかかっている。戦術は何ひとつとしてあいまいなことはなく、あらゆることが常識で、そしてイデオロギー的なことは何もない。（ナポレオン書簡集三、三〇巻）

戦いでは、失った時間はとりもどせない。作戦は遅疑逡巡するときに失敗し、タイミングを失するといつまでも敵に対して弱気になる。劣勢な軍隊をひきいるときの戦術は、単

純に時間を獲得する（※時間に勝ち目を見出す）ことにつきる。（ナポレオン書簡集二巻）

戦いでは、指揮官のみが特定事象の重要性を理解し、そして指揮官ただひとりが、その意志とすぐれた洞察力によって、あらゆる困難を克服して、これをのりこえることができる。軍隊は頭脳なくしては意味をなさない。（ナポレオン書簡集一九、二九巻）

戦術、部隊運用、工兵術、および砲兵術は幾何学同様に典範類から学ぶことはできるが、戦争のより上位部門の知識は偉大な将帥の戦史と戦闘の研究、ならびに自己の経験からのみ習得できる。正確なあるいはきまりきった定理というものはない。すべては、将軍の天賦の性格、彼の強みと弱み、部隊の特性、火器の射程、季節、および何ひとつおなじものはない無数の環境しだいである。（ナポレオン書簡集三一巻）

ナポレオンが師とあおいだ将帥たち

ナポレオンがアレクサンドロス、カエサル、ハンニバル、グスタフ・アドルフ、そのほかの偉大な将帥たちを師としたことはよく知られている。「彼らはいつも成功した。彼らは幸運だったから偉人になったのか？　そうではない！　彼らが偉人たりえたのは、彼らがチャンスを生かすことを知っていたから」だとナポレオンは語っている。では、彼が心酔する英雄たちをナポレオン自身に語ってもらおう。

アレクサンドロス大王

アレクサンドロスは、少年をわずかに脱した時期にほんの少数の軍隊をひきいて、地球の四分の一を征服したが、彼が達成したことは火山の爆発や予期しない洪水のようなものだったのか？　いやそうではなく、すべては精緻に計算され、大胆不敵に実行され、そして英知をもって遂行されたのだ。

アレクサンドロスは、アジアおよびインドの一部を征服する間に、八回の会戦をおこなった。紀元前三三四年、彼は約四〇、〇〇〇の兵をひきいてダーダネルス海峡をわたり、その八分の一は騎兵だった。彼は、ダレイオス大王配下で小アジアの沿岸部を支配するギリシャ人メムノーンの軍隊を、グラニコス川を敵前渡河して強襲し、そして紀元前三三三年いっぱいかけて小アジアを支配下におさめた。

紀元前三三二年、タルソス付近に布陣していたダレイオス大王ひきいる六〇、〇〇〇の軍隊と遭遇し、彼の軍隊を撃破（※イッソスの戦い）、シリアに侵入してダマスカスを占領、そしてティロスを包囲した。このうつくしい商業の中心地の攻略に九ヶ月もかかった。彼は二ヶ月の包囲のあとガザを占領し、砂漠を七日間で横断し、ペルシウム、ひきつづいてメンフィスに入り、そしてアレクサンドリアを建設した。

二年以内の二回の戦闘および四ないし五回の包囲戦のあとに、ファシスからビザンティオンにいたる黒海沿岸、小アジア、シリア、およびエジプトの地中海沿岸が彼の軍門にくだった。

紀元前三三一年、アレクサンドロスはふたたび砂漠を横断し、ティロスで野営し、シリア低地を踏破し、ダマスカスに入り、チグリス川とユーフラテス川をわたり、アルベラの平野で、イッソスよりはるかに大規模な軍隊をひきいるダレイオス大王軍を撃破した（※「ガウガメラの戦い」ともいう）。そしてバビロニアは彼にその門戸をひらいた。

紀元前三三〇年、彼はスーサ、ペルセポリス、そしてパサルガデーを占領した。紀元前三二九年、彼は反転して北方をめざし、そして遠くカスピ海まで占領地を拡大した。紀元前三二八年、オクサスのはげしい抵抗を武力で制圧し、一六、〇〇〇人の補充兵をマケドニアからうけとり、近隣の部族を服従させた。

紀元前三二七年、アレクサンドロスはインダス川をわたり、武威をあからさまに誇示するポロス軍を撃破、そしてガンジス川の渡河を計画したが、彼の部下（軍隊）がこの渡河を拒否した。紀元前三二四年、彼はふたたび北方に向かい、エクバタナに至り、そしてバビロニアで毒により死去して生涯を終えた。

彼の戦争は周到に準備され、最大の賞賛にあたいする。だれも彼の遠征軍をとめることができず、軍隊は前進するにしたがって強大になった。遠征当初のグラニコスでは最小の兵力だった。インダス川では三倍に増大していた、これには征服地の統治者に属する部隊はふくまれず、実体は病気で疲労困憊したマケドニア兵、ギリシャから送られてきた徴募兵または植民地総督が編成したギリシャ人部隊、あるいは現地人の徴募兵だった。
アレクサンドロスが達成した栄光は、世紀をこえて多くの人々の賞賛にあたいするが、彼はイッソスで撃破されていたかもしれない――ダレイオス大王の軍隊は左翼を山に右翼を地中海に依託して、アレクサンドロスの退路を遮断して布陣した。あるいはアルベラでもそうだった、アレクサンドロスの背後にはチグリス川、ユーフラテス川、そして砂漠が広がっていた、彼は根拠地となる強化された基地もなく、マケドニアすなわちペラから九〇〇リーグ（約四、三二〇㎞）の距離を進撃してインダス川にたっした。
余がアレクサンドロスを敬愛するのは、彼の会戦そのものではなく、彼の政治的手腕だ。彼は、三三歳で、広大な、よく統治された帝国を、指揮下の将軍たちに分割してのこした。彼は征服地の人々を心服させる術をこころえていた。不幸なことに、彼が栄光と成功の頂点にたっしたとき、彼の頭脳が変調するかまたは心臓がそこなわれた。

（ナポレオン書簡集二六、七、三一巻）

ハンニバル

紀元前二一八年、ハンニバルはカルタゴを出発し、エブロ川をわたり、ピレネー山脈

──このときまではカルタゴ軍には未知の地域だった──をこえ、ローヌ川をわたり、沿岸アルプスに至り、最初の会戦でアルプス山脈南東部に地歩を確立した。ローマ人にとってカルタゴ人は、いつでも敵、そしてときには征服者だった。

この四〇〇リーグ（約一、九〇〇㎞）の行軍におよそ五ヶ月の時間が必要だった。彼の後方には駐屯地あるいは補給所もなく、トラジメーノの戦いのあとまではスペインまたはカルタゴとの連絡も維持できなかった。このような広い地域で、このような遠大な遠征を実行した者はだれひとりとしていない。アレクサンドロスの遠征はこのように大胆なものではなくもっと容易で、彼には多くの成功のチャンスがあった。

にもかかわらず、ハンニバルの征服戦争は計画的で、彼の目標はアルプス山脈南東部のミラノおよびボローニャをカルタゴ領とすることだった。もし後方に駐屯地あるいは補給所がない状態がつづいていれば、彼の軍隊は弱体化し作戦の成功もおぼつかなかったであろう。彼はどこにいても弱みをかかえていたであろう。

紀元前二一七年、ハンニバルはアペニン山脈をこえて、トラジメーノの原野でローマ軍を撃破し、首都ローマの周辺に集結し、イタリア半島下部のアドリア海沿岸に移動し、ここではじめてカルタゴ本国と連絡できた。

翌年、ローマ軍八〇、〇〇〇がカルタゴ軍を攻撃したが、ハンニバルはカンネでローマ軍を撃滅した。ハンニバルがひきつづいてローマに向かって六日間進撃していたならば、彼はローマを手中にし、そして世界の支配者になっていたであろう。そうはならなかったが、偉大な勝利の効果は大きかった。カプアはその門戸を開放し、全ギリシャ植民地およびイタリア南部の大部分はこの機会に乗じて、ローマへの協力態勢を破棄した。

ハンニバルの原則は、占領したひとつの要塞だけに全部隊をまとめて駐屯させ、人質、大量の武器、有力な捕虜、および部隊の患者を良好な状態で維持し、後方連絡線の責任を同盟者にまかせることだった。彼自身はカルタゴからのいかなる支援もなしにイタリアに一五年間いすわり、そして母国防衛のために政府の命令でイタリアから撤退して帰国した。

帰国後のザマの会戦で運命の女神は彼をみはなし、カルタゴは滅亡した。

彼がトレッビアで、トラジメーノで、またはカンネで敗北していたならば、どのような最悪の事態がおきていたであろうか? ローマへの門戸はとざされ、彼の軍隊は完全な崩壊からまぬがれ得なかったであろう。

彼が軍隊の半分または三分の一を最初および二番目の根拠地にのこしていたならば、トレッビアで、トラジメーノで、またはカンネで勝利者となっていたであろうか? そうではない、彼は予備をふくめてすべてを失っていたであろう。もしそうであれば、歴史が彼について語ることは何ひとつなかったにちがいない。

（ナポレオン書簡集三一巻）

カエサル

紀元前五八年、カエサルは四一歳ではじめて戦役の指揮をとった。三〇〇、〇〇〇人のヘルヴェティ族（※スイス人）が、地中海沿岸に居住地を確立すべく墳墓の地をあとにし、九〇、〇〇〇の兵力でブルゴーニュ地方に侵攻した。オータンの人々はカエサルに救援を要請した。

カエサルはローマ属領の要塞ヴィエンヌを出発、ローヌ川をさかのぼり、シャロンでソーヌ川をわたり、オータンから一日の行程でヘルヴェティ軍と遭遇、長時間の戦闘のすえにこれを撃破した。ヘルヴェティ族を彼らの山岳地帯へ追いかえしたのち、彼はソーヌ川をわたり、ブザンソンを占領し、アリオヴィトゥス（※ゲルマンの頭目）の軍隊と戦うためにジュラ山脈をこえ、ライン河から前進してきたいくつかの縦隊を撃破して、彼らをドイツに追いかえした。

この戦役で、カエサルはローマ軍がひとつの駐屯地にまとまるよう六個の軍団を保有し、後方連絡線の維持を同盟者にまかせた。彼は根拠地にいつでも一か月分の補給を準備し、駐屯地域の要塞に数か月分の糧食をたくわえ、ハンニバルの例にならって人質、武器、および病院を確保した。彼はこの原則をすべてのガリア戦役に適用した。

カエサルは、内戦でも、おなじ手法と原則にしたがって勝利を獲得したが、彼はより多くのリスクを負っていた。彼はわずか一個軍団でルビコン川をわたり、三ヶ月以内にコルフィニオで三〇個歩兵大隊を撃破し、ポンペイウスをイタリアから追い出した。なんという電光石火！　なんという不意急襲！　なんという大胆不敵！

カエサルは、アドリア海を渡航してギリシャにのがれたライバルのポンペイウスを追撃するための船を準備している間に、九〇〇騎をしたがえてアルプス山脈とピレネー山脈をこえ、カタロニア地方をへて、指揮下の軍団長（※ファビウス）が駐屯する最前線のレリダに到着した。

そして四〇日以内に、アフラニウスが指揮するポンペイウスの軍団を降伏させ、雷電のごとくエルボ川からはるか遠くのシエラ・モレナ（山脈）をこえてアンダルシア地方を平定し、彼の部隊がすでに占領していたマルセーユにとって返して勝利の凱歌を奏した。ついにはローマに到着して、かの地で一〇年間独裁した。

紀元前四八年、カエサルは二五、〇〇〇の兵士とともにアドリア海をわたり、ポンペイウスの全部隊を数か月間監視下においた。そのご副将のアントニウスがポンペイウスの艦隊から妨害をうけることなくアドリア海を渡航し、ドゥキウムまで行軍してカエサルの軍に合流し、そして敵の要塞化された兵站倉庫を包囲した。

カエサルは市街地だけではなく敵の駐屯地をもふくめて包囲した。彼は有利な周辺の高地を占領して二四個の砦を築き、これらを六リーグ（約二五㎞）の包囲網として連結した。海岸に追いつめられたポンペイウスは、アドリア海を支配していた彼の艦隊から糧食と援軍を得た。ポンペイウスは（戦力を）中央位置に保持するという内線の利を発揮して、カエサル軍を攻撃して撃破した。この戦闘でカエサルは三〇本の軍旗と数千人のベテラン兵士を失った。

カエサルの運命は風前の灯《ともしび》のように見えた。彼はいかなる援軍をも期待できなかった。アドリア海は彼を拒絶し、あらゆる勝ち目はポンペイウスの側にあった。しかしながら、カエサルは五〇リーグ（約二四〇㎞）強行軍して、ポンペイウスをトラキアにさそいこんで、（※有利な陣外決戦により）ファルサルスでポンペイウスの軍を撃破した。

ポンペイウスは艦隊を保有していたにもかからず、ほとんどひとりでエジプトの沿岸にのがれ、そこで暗殺者の手で殺害された。追撃していたカエサルは数週間後に到着してアレクサンドリアに入った。そして、最終的には、九ヶ月もの連続した危険と戦闘をへて、それは一度でも負けると彼の破滅を意味したが、エジプトで勝利を確実にした。

カエサルの原則はアレクサンドロスおよびハンニバルのそれとおなじものだった。部隊をひとつにまとめ、弱点となる場所が生じないようにして、重要な地点にすばやく移動し、兵士の心理状態に配慮し、武器への信頼と指揮官の威令によって士気を鼓舞し、また同盟者の忠誠と征服地住民の服従を維持し、戦場での勝利を確実にするためにできることは何でもやり、そしてあらゆる部隊を決勝点に集中するために、政治的な手段を講じた。カエサルは天才と大胆不敵とを同時に兼ね備えていた。

（ナポレオン書簡集三一巻）

ナポレオンが不遇だった青年将校時代に読書に没頭したことはよく知られている。ナポレオンは「余は歴史の研究に多くをついやし、そしてしばしば、適切な案内人を欠いているために、無駄な読書に多くの時間を失った」と回想し、古代から現代までの歴史を学ぶための高等専門学校設立の必要性を強調している。

ナポレオンが書いた（語った）人物評をなぞるだけで、彼がいだいた関心方面と、またそれにこたえるだけの資料（歴史書）が身辺に存在したことがうかがい知れる。ヨーロッパには古代ギリシャ以来の資料が蓄積されており、今日でも西洋兵学の基盤となっている。

現代に生きる私たちは、アレクサンドロス、ハンニバル、カエサルなどが活躍した紀元前の世界を塩野七生女史の『ローマ人の物語』や『ギリシャ人の物語』などでリアルに感じることができる。二〇〇年以上も前の一八世紀末から一九世紀のはじめにかけて、ナポレオンは自ら豊富な歴史書をひもとき、研究して、偉大な将帥への羅針盤としたのである。

テュレンヌ

テュレンヌはうたがいなくフランスの偉大な将軍だ。

彼の最後の会戦は華麗だった。彼のすぐれた長所はいかなる失敗をもしなかったこと。

テュレンヌはヴェストファーレン条約以前に五回の会戦をおこない、ピレネー条約（一六四八―五九年）までの間に八回、そしてそれ以降一六七五年の彼の死までに五回の会戦を戦った。一六四六年、一六四八年、一六七二年、および一六七三年の会戦における彼の機動と行軍は、アレクサンドロス、ハンニバル、カエサル、およびグスタフ・アドルフとおなじ原則で実施された。

一六四六年、テュレンヌはマインツを出発し、ライン河左岸をヴェーゼルまでさかのぼって渡河、ラーン川右岸へ移動、スウェーデン軍と合流してドナウ川およびレッヒ川をわたり、二〇〇リーグ（約九六〇㎞）の行軍をおこなって敵地を横断した。レッヒ到着時に全部隊を直接掌握し、カエサルやハンニバルのように、後方連絡線を同盟者にまかせ、要塞化された根拠地をみずからは確保せず、予備隊や後方連絡線と一時的に分離した。

一六四八年、テュレンヌはオッペンハイムでライン河をわたり、ハーナウでスウェーデン軍と合流し、レグニッツ川を移動してドナウ川にとって返してラウインゲンで渡河し、モンテクッコリ（※オーストリアの軍人）と戦闘をまじえて彼をツスマルシャウゼンで撃破し、そのあと、ラインでレッヒ川、フライジングでイーザル川をわたった。このためバイエルン宮廷はうろたえてミュンヘンを放棄した。テュレンヌは司令部をミュールドルフに移し、選帝侯をこらしめるために同地に課税し、同地を掠奪した。

一六七二年、ルイ一四世の命令により、テュレンヌはオランダの征服に向かった。ライン河左岸をいくつかの運河に分岐する地点まで下って、ライン河を渡河し、およそ六〇の要塞化された町を占領した。彼の前衛部隊はナールデンまで広く展開した。われわれは彼がなぜアムステルダム入城をやめたのかその理由を知らない。オランダは、奇襲のショックから立ち直ると、防潮門をひらいて国中をはんらんさせた。占領地の要塞に駐屯していた部隊によりオランダはすでに弱体化しており、フランス軍はこれ以上何もすることがなかった。王はルクセンブルグ元帥に指揮を委任してベルサイユへ帰還した。

テュレンヌは、国王の同盟者であるミュンスターおよびケルンの司教の軍隊を救援するために、部隊の主力とともにライン河をわたって行軍した。右岸をさかのぼってマイン川に至り、そこでロレーヌ公の軍隊が到着するまで大選帝侯の四〇、〇〇〇人の軍隊を阻止した。

ライン河を防衛しなければストラスブルグへの敵の進出をゆるすが、時間をかせいでいる間にコンデ公がタイミングよく到着して橋を破壊し、大選帝侯の計画を挫折させた。コンテ公はマインツまで行軍し、要塞砲の射程内に橋を急造し、部隊に右岸をはんらんさせた。冬季間に、テュレンヌはヴェーゼルで橋を使用して右岸にわたり、大選帝侯を撃破し、彼をエルベ川方向へ駆逐し、四月一〇日にフランスとの和平協定に調印させた。

このような大胆かつ長距離の行軍はフランス中をおどろかせたのであり、この成功があきらかになるまでは、テュレンヌの軍隊は一般大衆から酷評されていた。もしテュレンヌが三〇リーグ（約一四〇km）ごとに根拠地を設定して、各根拠地に予備隊を配置していたならば、彼らは各個に撃破されていたにちがいない。

余は、テュレンヌとおなじ立場であれば余もそのように行動する。それゆえに、テュレンヌの作戦にいっそう強烈な印象をうける。彼は兵士として一年、将校として四年などあらゆる階級を経験した。ヴァグラムの戦い（※一八〇九年）のとき彼が余の幕営にいたならば、彼は状況をただちに理解したであろう、彼はそのような男である。

おなじようなことはコンデ公にもいえるが、カエサルやハンニバルはそうではない。テュレンヌのような男が余の戦役を補佐してくれたならば、余は世界を征服していた。コンデ公は生まれながらの将軍だったが、テュレンヌは経験をつんで将軍になった。

余は、テュレンヌはプロシアのフリードリヒ大王よりすぐれていると評価する。フリードリヒ大王の立場であれば、彼はもっと多くのことを成しとげ、大王のようなミスをおかすことはなかったであろう。テュレンヌの天分は、小さな部隊の指揮だけではなく大軍の指揮についてもよく理解していたことだ。

（ナポレオン書簡集三一巻）

テュレンヌの戦い方の特徴は、攻城戦をさけて野戦で勝敗を決すること、および果敢かつ大胆な機動力の発揮であった。ナポレオンは側近の将軍たちにテュレンヌの「遠征記」を読めとすすめたように、テュレンヌと同時代の天才と称されたコンデ公より、現場の経験をつみあげて将軍となったテュレンヌの能力を高く評価していた。

ナポレオンはフリードリヒ大王が創造した斜行隊形（※ oblique order：迂回機動により敵の側面を攻撃すること）というざん新な戦術を「古代から現代までの将軍のだれひとりとして実行したことのないことをおこなった」と激賞している。斜行隊形については第一章でとりあげた。ナポレオンが、彼の世代にちかい偉大な先輩将帥として、プロシアのフリードリヒ大王戦史を大いに研究し、参考にしたことはまちがいない。

第七章　パルチザン

ナポレオンのアキレス腱

本書執筆の動機は、まえがきで書いたとおり、ナポレオン軍精強の秘密を作戦・戦術レベルで具体的にさぐってみよう、ということ。本章でとりあげるパルチザンは、本来の意図と合致しないだけではなく、パルチザンという現象は作戦・戦術の枠におさまるのかという本質的な疑問もある。つまり、とらえどころがないのである。

パルチザンという現象は、かつて欧州最強といわれたナポレオンの軍隊に致命的な傷を負わせ、俗にいわれる日中一五年戦争の日本軍、第一次インドシナ戦争のフランス軍、ベトナム戦争のアメリカ軍などを翻弄《ほんろう》したゲリラ戦（遊撃戦、小戦闘）および今日世界各地でひんぱつしている低強度紛争（ＬＩＣ）やテロにも通底する。

日中戦争や第一次インドシナ戦争のとき、日本軍もフランス軍もまったく新しい性質の戦争に直面していることができなくて崩壊していった。いや、うすうす、あるいはハッキリと、知ってはいたが、現場ではどう手のうちょうもなかった。〝ゲリラは卑劣で陰険で手口が汚い！〟と武士道や騎士道を叫んだところでどうにもならなかった。アメリカはそれを知り、新しい経験と試みをしようと、苦しんでいる。君たちはそうだったが、オレたちは別かもしれないゾ、というわけだ。しかし、さて、手に英訳本『遊撃戦論』を持っていたところで、今夜、夜襲があるか、ないか、どこからどのようにくるか、つぎの村で待伏せがあるか、ないか、銃弾は森かげからか、とつぜん田ンぼの水のなかからか、それは誰にも予測がたたない。まったく、予測がたたない。しかしアメリカ将校は福田軍師（※本文は「福田恆存氏への反論」として書かれている）とまったくちがって〝ベトコン〟の兵士としての聡明さや、果敢さや、おそるべき忍耐力、規律の正しさなどを高く評価している。血みどろの授業料を払って教えられたのである。

（開高健 電子全集七　キンドル版）

開高健はベトナム戦争と一〇年来つきあい、『ベトナム戦記』『輝ける闇』などベトナム戦争をみすえた多数のルポルタージュ、小説、エッセーを発表している。彼はベトナム戦争の本質を徹底して考えぬき、アメリカがベトナムから足を抜く、すなわち全面撤退することが泥沼のベトナム戦争を解決するたったひとつの方法であると断言している。ベトナムの問題は第三国の軍事力では解決できず、撤退後のベトナムがどのような状況になろうとも、いかなる国も介入せず、ベトナムのことはベトナム人にまかせろと主張している。

開高の主張は平凡であり常識的である。であるが、他国の国内問題に第三国は介入するなという本質をついた主張なのだ。ほこり高き民族・国家は国民をあげてパルチザンと化す可能性があり、軍事力では対応できない。アメリカは〝ドミノ理論〟という正義をふりかざしてベトナムに介入したが、最終的には手痛い傷を負って撤退せざるを得なかった。

ナポレオンの後裔《こうえい》であるフランスは、インドシナ半島（ラオス・ベトナム・カンボジア）を植民地として八〇年間にわたって支配したが、第一次インドシナ戦争で〝ベトミン〟とのゲリラ戦に有効な手をうてず、ディエンビエンフーの戦い（一九五四年三月〜五月）に敗れて、インドシナからの撤退をよぎなくされた。ナポレオンの後輩たちは、先輩が苦杯をなめたスペインのゲリラ戦から何も学んでいなかった。

アメリカはフランスの撤退後にベトナムに介入し、最終的には五五万人もの近代化された地上部隊を投入したが、それでも〝ベトコン〟とのゲリラ戦には勝てなかった。日本軍も、フランス軍も、そしてアメリカ軍も、ゲリラへの処方箋《しょほうせん》はもち得なかった。介入しないということが唯一の処方箋であるのかも知れない。つまりパルチザンは作戦・戦術レベルの問題ではなく、政治の領域に属する問題といえよう。

P・F・ドラッカーは「マネジメントには基本とすべきもの、原則とすべきもの」があり、「基本と原則に反するものは、例外なく時をへず破綻する」と指摘している。戦術にも同様な原理原則があり、これに反するものは敗者の運命をたどる。だが、パルチザンと戦術の原理原則は関連があるのかないのか？ パルチザンが戦術の対象とする領域からはずれていると仮定すれば、パルチザンという今日的な現象をどう解釈すればよいのか？ 答えは出てこないが、本章ではナポレオンのアキレス腱となったパルチザンをあえてとりあげる。

さて、いささか回り道をしたが、ナポレオンの時代にもどろう。

森羅万象生きとし生けるものことごとく完全無欠・完璧ではあり得ない。俗にいうアキレス腱とは、ギリシャの英雄アキレウスが、トロイア戦争で、不死身の身体のたったひとつの弱点だった踵《かかと》を射られて死んだという神話にもとづく。一般的には「強者がもっている弱点」あるいは「致命的な弱点」という意味で使用される。

ブローニュ宿営地で誕生したナポレオンのグランド・アルメは、一八〇五〜〇六年戦役（ウルム、アウステルリッツ、イエナ）では、アキレウスさながらの最強不敗の軍隊で疾風怒濤《しっぷうどとう》まさに向かうところ敵なしであった。このグランド・アルメのアキレス腱を射たのが、スペイン全土で神出鬼没したパルチザンだった。

ナポレオンは、スペイン宮廷の内輪もめにまきこまれ、あるいはこれに便乗して、スペインの国内問題に不用意に手をつっこんだ。これに怒りをおぼえたマドリードの民衆が駐屯フランス軍（ミュラ司令官）を襲撃し、これに対してミュラの指揮するフランス軍が報復して、マドリードが騒乱状態となった。一八〇八年六月四日、ナポレオンは兄ジョセフ・ボナパルテを強引にスペイン王ホセ一世として宣言した。

このようなとき、デュポン将軍指揮下の部隊二万六〇〇〇人あまりが、アンダルシア地方のベイレンでスペイン軍に降伏した（六月二十二日）。またジュノー将軍の部隊がポルトガルのリスボン近郊でイギリス軍に敗退した（八月三十日）。このようにしてフランス軍の威光は地に落ち、ジョセフ王は首都マドリードを放棄せざるを得なくなった。

このようなイベリア半島の情勢を背景に、ナポレオンみずから六個軍団一六万八〇〇〇の精兵をひきいてスペインに侵攻し、十二月四日マドリードを再占領してジョセフを王位に復帰させ、一八〇九年一月二十二日北部スペインを四分割して軍政を敷き、ナポレオン自身は帰国した。これら一連の動きが引き金となってスペイン全土でパルチザン（※フランス語、武装住民）が蜂起し、いたる所ではげしいゲリラ戦（遊撃戦、小戦闘）を敢行した。

一八〇八年のスペイン・ゲリラ戦争のパルチザンは、最初の近代的な正規の軍隊に対して非正規闘争を敢行した最初のものであった。ナポレオンは、一八〇八年秋にスペイン正規軍を撃破した。真のスペイン・ゲリラ戦争は、この正規軍の敗北後まもなく始まった。

（カール・シュミット著／新田邦夫訳『パルチザンの理論』ちくま学芸文庫）

カール・シュミットは「世界史上のあらゆる内戦および植民地戦争において、パルチザン的と名づけうるような現象が、再三再四現れた」が、「まさに、国家および軍隊というこの正規なものは、フランス国家およびフランス軍隊双方の場合ともナポレオンによって初めて新しい正確な規定づけを受けた」と述べている。つまり、パルチザンの問題は、正規と非正規の闘争という特色があるということ。

では、スペインのパルチザンとは何だったのか？

両角良彦著『反ナポレオン考』（朝日選書）第七章「修羅場」にスペインのゲリラ戦が詳細に描写されている。それは、フランス軍、イギリス軍、スペイン軍とゲリラという四つの虐殺集団の陣取り合戦、処刑と報復のはてしない連鎖だった。

（フランス軍は）行く先々の町や村の攻略で、兵士たちは掠奪暴行の限りをつくした。彼らはゲリラを「山賊」と称え、正規軍相手には許されぬ蛮行をはたらいたのである。地元のならず者の一団もこれに便乗して暴れた。高価な家具、額ぶち、祭壇、聖像を火にくべて暖をとり、墓を暴いて遺骨を撒き散らし、墓石を細工して粉ひき臼に用いた。野営ではヴェラスケス、ムリリョ、ゴヤの絵で雨露をしのぎ、古い記録をしるした羊皮紙を蓆代わりに床に敷いた。修道院に押し入っては多数の尼僧を凌辱し、殺害し、時には情婦とした。

（スペイン側は）捕虜や病人を無差別に殺すだけではあきたらず、彼らは途方もない残虐行為をはたらいた。生きながらブォージュ出身の経理官と、パルマント出身の私の友人は二枚の板の間に挟まれ、鋸引きにされた。ルネイ旅団長は怒り狂う百姓どもに捕らえられ、生きながら煮湯の鍋の中に抛りこまれた。捕虜にされた第十五連隊の三十名は、四人の男に四肢を押さえられ、燃えさかる炉の中に投げ込まれた。（フランス軍薬剤師の話）

一八一二年四月、ウェリントン軍はバダホース（南西部の州都）を奪還したが、スペイン人たちはフランス軍の地獄から抜け出て、イギリス軍の地獄に抛りこまれた。酔っぱらったイギリス兵は四十八時間にわたって町を荒らし、門をこわし、老人をしめ、女を凌辱し、子供たちを銃剣で刺殺した。ウェリントン伯爵も部下に脅迫されて抑止がきかなかった。「町には赤い血とワインが流れた」（『反ナポレオン考』）

本書になんどか登場してもらった、第一軍団（ヴィクトル元帥）第二師団第八連隊の大隊長として、スペイン侵攻に参加したフランソワ・ヴィゴ＝ルション（『ナポレオン戦線従軍記』の著者）は、スペイン戦線の悲惨な情景を記録している。

敵兵は壊走した。全騎兵が追撃し、実に多数の兵を切り殺した。一時間のあいだに一万四千の敵兵が殺害された。捕虜はほとんどいなかった。というのは、この戦いの初めに、フランス軍が退却の動きをとりだしたところ、スペイン兵が捕らえたフランス兵をわれわれの目の前で、きょうは捕虜はいらん、と叫んで皆殺しにしたからだ。戦場に着いたときに、すでに兵たちは、八つ裂きにされたり、オリーブの木に吊るされたりしている味方の兵を見ていた。スペイン軍の手に落ちた第四連隊の軽騎兵たちだった。数日前、六十二名の騎馬猟騎兵が同じ運命をたどっていた。我が兵たちは、今度は俺たちがやってやると激怒したのだ。クエスタ軍の大部分の兵は新編入志願兵であった。彼らはわれわれの剣幕に恐れをなしたのだ。敵で発砲する者はだれ一人いなかった。兵は我が兵士たちの足下に蹲って助命を乞うていた。我が兵たちは情け容赦もなく彼らを銃剣で突き殺した。山に逃げ込もうとした敗走兵は全員騎兵に殺された。

われわれは最悪の状態だった。兵たちは雨中の長時間の行軍で疲れ果てていた。食糧もまったくなかった。命を危険に晒すことになったが、近くの畑に行って食糧を入手してもよいという許可を兵に与えざるをえなかった。食糧を求めて畑荒らしに出かけて行った兵たちの多くが、山々に身をひそめた武装百姓たちに襲われ、命を落としてしまった。疲労している上に百姓に襲われ、命からがら隊に戻って来た者もあった。ビスカヤ、ナバラ地方は破壊され荒廃し、どの村も打ち捨てられ、人っ子一人いなかった。フランス軍はこのみじめな国にいなければならなかったのだ。本国からは何一つ送られてこなかった。

（『ナポレオン戦線従軍記』）

長い引用で恐縮だが、前後七年つづいたスペイン戦争（スペインでは独立戦争という）で、このような悲惨なゲリラ戦がスペイン全土で荒れくるった。パルチザンとひとくくりにされるのはスペイン正規軍、脱走兵、敗残兵、武装住民（女子、子供なども含む）など不特定のグループだ。フランス軍から見れば、すべての住民がパルチザンに見えた。

ゲリラの攻撃対象すなわち主たる敵はスペインに侵攻したフランス軍だ。攻撃目標はもっとも弱い部分――戦闘力のない輸送部隊や段列（補給、患者の後送など）、徒歩戦能力がおとる騎兵部隊など――であり、襲撃は対応が困難な夜間、山間あい路、露営地、市街地などで時機や場所をえらばずいたるところでおこなわれた。

フランス軍ができることは身にふりかかる火の粉をふりはらうだけだ。火元を断たたないかぎり問題は解決しない。輸送隊を武装したところで損害が軽減できるだけだ。結論的に言えば、フランス軍は点と線を確保しただけで身動きがとれない状態におちいった。

スペイン北部のすべての要塞都市――サン・セバスティアン、フィゲラス、バルセロナ、およびブリゴスの城塞――は、フランス軍がマドリード、サン・セバスティアン、フィゲラス、バルセロナ、ブリゴスの城塞へ行軍するときには自由に使用でき、さらにスーシェ（元帥）がバレンシア正面に行軍するときはジローネイ、リェイダ、メキネインサ、タラゴナ、トゥルトーザサグントを意のままに使用した。

（ナポレオン書簡集三一巻）

これはナポレオンの回顧である。フランス本国からピレネー山脈をこえてマドリードに至る間の後方連絡線は確保していたとの強弁である。サン・セバスティアンなどの要塞都市には守備兵が必要となり、都市間の輸送の安全を確保するための兵力も必要である。第四章で述べたように、ナポレオンの理想あるいは原則は、後方連絡線の安全を同盟者にゆだねることであった。スペインではこれと真反対の状況になったのだ。

一八〇八年九月、デュポン将軍の降伏（六月）、ジュノー将軍の敗退（八月）をうけてナポレオンみずから大陸軍をひきいて出征する直前に、ナポレオンはオーストリアの使節（フォン・ヴィンツェント男爵）と会見して、その心情を吐露《とろ》している。

ナポレオンは「スペイン戦は私がおのれの生涯のなかでおこなった最大の愚行だ」と反省の色をみせ、「苦境から脱出できる方法があれば教えてほしい」と使節にもとめ、真剣に話しあったが撤退以外の解決法は見出せなかった。そこには情誼《じょうぎ》・意地《いじ》・面子《めんつ》が介入する余地はなかった。だがナポレオンは「自分がまちがっていた、負けた軍隊を撤退させると公言することはできない」と面子を優先させ、泥沼から足を抜く千載一遇《せんざいいちぐう》の機会を逸した。

ナポレオンは、ゲリラ戦の本質を理解し、足を抜くすなわち撤退する以外の解決法がないことは分かっていた。軍神といわれたナポレオンですら、撤退する勇気を欠いたのである。一八一二年六月ナポレオンは四二万の大兵力でロシア遠征を開始するが、この時点で、スペインになお二〇万もの大軍がゲリラにくぎ付けされていた。これは典型的な二正面作戦となり、結果的にナポレオン帝国凋落《ちょうらく》の引き金となった。

ナポレオンは「戦争をもって戦争を養う」といったが、これは現地で駐留軍をささえるだけの食糧が手に入ることを前提とする。スペインのように肥沃ではなく、かつ全人民を敵とした場合、二〇万人もの大軍を現地で養うことは困難である。

したがって本国からの輸送（糧食、弾薬など）にたよらざるをえず、このための後方連絡線の確保が不可欠となる。フランス軍はマドリードに擁立したジョセフ王を維持するためだけに膨大な兵力を投入したが、現実は点と線を確保しただけであった。

スペインのゲリラ戦については次項でもうすこしふれる。ゲリラ戦の根本を断つには、介入しないことがベストで、やむを得ず介入した場合でも早期自主撤退するしかない。筆者は「アメリカ軍はすべからくベトナムから撤退すべし」と主張した開高健の卓見に同意する。

とはいえ、歴史から学べと言うのは容易だが……。

画家ゴヤが見たゲリラ戦

スペインのパルチザンは自然発生的に起きたもので、特定の理念や戦略・戦術にもとづいて蜂起したのではない。したがって系統的に記録された「パルチザン史」というものは存在しない。当時の知識階級の人たちの断片的な文書、あるいは民間に伝わる伝承などが、わずかにこれを伝えているにすぎない。

このような現実のなかで、当時スペインの首席宮廷画家であったフランシスコ・デ・ゴヤが、侵攻したナポレオン軍とパルチザンのはてしない報復合戦の悲惨な状況を、油彩、版画、素描などでいわばヴィジュアルな「パルチザン史」として描写した。油彩の『五月の三日』、版画『戦争の惨禍』などはその代表作である。

おのおのの〝国民〟は〝国〟というものを形成するに際して、あるいは形成しての後の歴史において、誰もが忘れることの出来ない、ある特定の日付けをもっている。七月一四日はフランス人にとって、七月四日はアメリカ人にとって、八月一五日は日本人にとって魂に銘じている日付けであり、またあらねばならないであろう。

Dos de Maya という重い音をもっている「五月の二日」は近代スペイン人にとっては

その血の中に重く流れている日付けである。そうしてゴヤはこの血の中の五月の二日と三日の事件を徹底して具体的に描いたことで、それだけでもスペインの国民画家——このたびは首席宮廷画家などというけちなものではなく——と呼ばれうることになる。

（堀田善衞著『ゴヤⅢ』朝日文芸文庫）

現代史画の最高傑作といわれる『五月の二日』と『五月の三日』は、マドリードに駐屯したミュラ将軍のフランス軍一〇〇〇に対する群衆の蜂起あるいは暴動（五月二日）と、それに対するフランス軍による報復（五月三日）の状況を象徴的に描写したものである。実際に描かれたのは事件の六年後で、多分に伝説化されているが、ナポレオンのスペイン戦争（スペイン独立戦争）の性格がこの二枚の絵に凝縮されている。

スペインは強大な国である。マドリードの宮廷の無気力および機能不全、そして大衆の堕落は、その反発力をとるにたらないものとしているが、国民の忍耐心に富む性格、全体をおおう傲慢《ごうまん》さと迷信、および広大な国土から生まれる資源は、その固有の精神を強烈に覚醒させるとスペインをおそるべきものとする。（ナポレオンの覚書、一七九四年）

余は、貴官がスペイン情勢に関して余を誤らせているのではないか、また貴官自身誤認をしているのではないか、と恐れている。貴官は武装解除された一国を攻撃するのだなどと信じてはならぬ。スペインを従えるための示威部隊をしか貴官はもっていないのだ。三月二〇日の革命（アランホエース謀叛）は、スペイン人民にエネルギーのあることを証明している。貴官はまったく新しい民衆とかかわりをもっているのである。彼らは勇気に満ちている。貴族と聖職者がスペインの主人なのだ。もし彼らの特権と存在が怯かされるとなれば、彼らは一団となってわれわれに対して立ち上がり、戦争を永久化するであろう。

（一八〇八年三月二九日付ミュラ将軍への指令、堀田善衞著『ゴヤⅢ』から引用）

ナポレオンがスペインの国情に無知だったわけではない。むしろ正しく認識していた。だが、ナポレオンの代理としてマドリードに進駐したミュラ将軍は、五月二日、三日に決定的なあやまりをおかした。結果として、ナポレオン自身のスペイン出馬をまねき、スペイン全土における血みどろの人民戦争すなわち永久戦争へとつながった。

筆者は、二〇一一年一月、東京麹町《こうじまち》にある「セルバンテス文化センター」（スペイン政府が設立した文化施設）で、ゴヤの銅版画『戦争の惨禍』を鑑賞する機会があった。当時はこのような文章を書くことを想定しておらず、たまたま堀田善衞の『ゴヤ』を読んでいたので、新聞のかこみ記事でセルバンテス文化センターの企画が目にとまったのである。

八五枚の銅版画は一八センチ×二一センチという小サイズ、モノトーンの暗い色で、ナポレオン軍のスペイン戦争の実態を象徴する陰惨な内容がこれでもかと描かれ、少なからずショックをうけたことを思い出す。

ゴヤが銅版画『戦争の惨禍』を刻んだのは一八一〇年から一八一五年の間——フランス軍のスペイン駐留からナポレオンが失脚するまで——である。そこでは掠奪、暴行、強姦、惨殺、虐殺、飢餓、即決裁判による処刑、投獄、死体に対する凌辱（頭部、手、足、男根の分断、逆吊）などゲリラ戦で起きたことのすべてが生々しく描かれている。

ゴヤが描いたのは、スペインのあらゆる場所で起きたフランス兵、スペイン兵、ゲリラなどによる残虐行為のみならず、男女を問わず行為者であり被行為者であったあらゆる人間が関係した蛮行である。極限状態におかれ、理性を失うと、人間の業《ごう》として憎悪が憎悪をよび、悪魔に魅入られていかなることをも平然とやってのける。

『戦争の惨禍』はスペイン戦争における一過性の現象ではなく、日中戦争やベトナム戦争でも見られたし、現在進行中の中東地域やアフリカなどの内戦または混乱でも散見される。つまり戦争につきものの人間のどうしようもない業といえよう。

ナポレオンがスペインの百姓と下層人民によるゲリラと、ロシアのクトゥーゾフ将軍麾下の軍隊と凍原の百姓たちのパルチザンによって叩き潰されたことの象徴性が、その後の、数々の一九世紀、二〇世紀を通じての「戦争によって戦争を営ましめる」式の戦争を経て、最終的には、ベトナム人民の三〇年にわたるゲリラ戦争に受けつがれ、そこでわれわれの国家単位の〝現代〟が終わることになってもらいたいものであるという、いわば現代終焉願望が、この『戦争の惨禍』をくりかえし眺めていると私は自分のなかに澎湃として沸き起こって来てそれを押しとどめることができないのである。

（堀田善衞著『ゴヤⅢ』朝日文芸文庫）

堀田善衞は「この秘められたる願望が私をしてこの『ゴヤ』を書かしめている情熱の根源をなす」と述べている。堀田は四部構成の『ゴヤ』の第Ⅲ部のほとんどを『戦争の惨禍』に当てている。堀田は「スペイン独立戦争のなかで生まれたスペイン語『ゲリラ』に象徴されるように、ゴヤの時代の動乱と戦争にこそヨーロッパの近代、現代史の源流を見出すと同時に、そこに現代史の背理性を看破していた」（大高保二郎著『ゴヤ「戦争と平和」』トンボの本）がゆえに、ライフワークとして『ゴヤ』執筆にとりくんだ。

同時代の認識――ジョミニとクラウゼヴィッツ

不敗をほこったナポレオン軍に致命的な打撃をあたえたスペイン・ゲリラ戦争は、軍事史を画する出来事となった。なぜ画期かといえば、戦争は「軍隊と軍隊の戦い」という通念を打破して、「軍隊と軍隊＋武装住民の戦い」という異次元の戦いが登場したからである。ナポレオン戦争の代表的解説者であるジョミニとクラウゼヴィッツは、この異次元の戦いをどのように認識し、どのように評価したのであろうか？

ジョミニは「国民全員が武装している国を占領または征服する場合、そこでどのようなことが起こるかを学ぶため」に、将軍とその指揮下部隊は、半島戦争（スペイン戦争）を研究しなければならないと述べ、「侵略者は軍隊だけしか持たないが、敵対者は軍隊と武装した住民で、いっさいを抵抗手段となし、住民ひとりひとりが協同して共通の敵に向かう」と、ナポレオン軍が直面した事実を率直に認めている。

国民戦争（National Wars）という用語は、熱情にあふれ、独立心に富む、一致団結した国民、またはそのような国民が多数をしめる国に対してはじめた侵略戦争の場合にのみ適用できる。したがって、侵略者は国民戦争であらゆる場面で敵対行動をうける。侵攻した軍隊は、駐屯地の周辺だけ確保でき、補給は銃剣のおよぶ範囲からのみ得られ、補給縦列はいたるところで脅威にさらされて補給品をうばわれる。

（ジョミニ『The Art of War』第一章）

ジョミニは国民戦争という新しい概念を打ち出したが、内心では、このような侵略戦争はおこなうべきではないと考えていた。ジョミニは、侵略者の立場から、国民戦争に勝利する可能性があるのは、次のような要件がみたされている場合と述べている。
一、想定される障害および抵抗に対応できる大兵力の展開。
二、あらゆる手段を講じて住民の熱狂を鎮静化。
三、時間をかけて穏便に住民の熱狂をあおる原因を排除。
四、住民を礼節、親切、厳格な態度で接遇。
五、公明正大な対応は特に重要。
結論的に言えば、社会秩序の維持および侵攻軍・占領軍の厳正な軍紀の維持が不可欠ということにつきる。とうぜん侵略戦争の是非も問われる。ジョミニは、国民戦争は嫌悪すべきもので、ナポレオン戦争以前の古き良き時代の古典的な貴族戦争にひかれていた。

そしてもしどうしてもそのいずれかを選べというのであれば、忠誠な騎士道精神の戦いを望む一軍人としてわたしのひいきは、スペイン国中の牧師や、婦人や、はてには頑是ない子供までもが、孤立したフランス兵士の殺害に狂奔した恐るべき時代よりも、イギリス、フランスの守備兵が、堂々礼をつくして戦いを開始した、古きよき時代――フォントノアの場合のような――にあることをここに告白するにやぶさかではない。

（佐藤徳太郎著『ジョミニ・戦争概論』原書房）

フォントノアの戦い（一七四五年）とは、フランス軍近衛連隊とイギリス軍近衛歩兵第一連隊の横隊戦列が、戦場で五〇歩の距離で対峙し、おたがいに「先にうて」とあいさつしてから戦闘を開始した戦例をいう。まさに古きよき時代を彷彿《ほうふつ》させる戦争の情景である。それはある意味では一種のスポーツであった。

もう一方のクラウゼヴィッツは国民戦争をどうとらえたのか？　クラウゼヴィッツは『戦争論』（篠田英雄訳、岩波文庫）第六篇［防御］・第二四章［国民総武装］のなかで、国民戦、国民軍、国民総武装などに言及している。

国民戦は「文化的ヨーロッパでは一九世紀に発生した一現象」で、「現代の戦争の本領であるところの激烈な性格が旧来の人為的な囲壁を突破した結果であり、従って我々が戦争と名づけている発酵作用を拡大し強化するものにほかならない」と性格づけ、「旧来の窮屈な制限を容赦なく取払ったあとへ自然的、必然的に発生した結果」であるとしている。

クラウゼヴィッツのいう国民戦は「武装した国民が侵略者を襲撃するという抗戦方法」であり、一八一二年のナポレオン軍のロシア遠征およびモスクワからの撤退における、ロシア側のパルチザンのイメージがつよい。つまり、ジョミニとは正反対の立場、すなわち侵略者に対抗する立場からパルチザンをとらえたのだ。もちろん、その原点はスペインのパルチザンであり、チロルのパルチザンであった。

スペイン国民は、なるほど個々の軍事行動においては幾多の弱点と手ぬかりとを免れ得なかったにせよ、しかしその執拗な闘争において国民総武装と侵略者に対する叛乱という手段とを用いれば、全体として絶大な能力を発揮し得ることを実証した。（第三篇［戦略一般について］・第一七章［近代戦の性格について］）

スペインにおけるフランス軍は、兵力を分割せざるを得なかったし、また国民総武装によって自国を防衛する立場のスペイン軍は、広大な戦場において兵力の一部を集中せねばならなかったのである。（第五篇［戦闘力］・第一七章［土地と地形］）

防御者と国民のあいだに必ず生じるところのごく一般的な関係から発して、次に住民が進んで闘争に参加し始めるという特殊な場合に達し、ついにスペインにおけるように、国民を挙げて闘争を遂行するというすさまじい段階に達するならば、これはもはや国民の強力な支援などというものではなくて、まったく新奇な勢力の発生と言わざるを得ない。（第六篇［防御］・第六章［防御手段の規模］）

フランスは一八〇八年にスペインにおいて、英国に関して丁度これと同じことをなし得た（※英軍をスペインから駆逐）が、しかしオーストリア（※ナポレオンがスペインに赴いた好機に宣戦布告）に関してはそういうわけにはいかなかった。フランスはスペインに多大の兵力を投入（※ナポレオン帰国時に二四万の兵力を残置）したため著しく弱化していた。それだからフランスが一八〇九年に、オーストリアに対して物理的および精神的諸力に関して著しい優勢を保有していなかったならば、スペインを完全に放棄せざるを得なかったであろう。（第八篇［戦争計画］・第四章［戦争目標に関するいっそう詳しい規定　敵の完全な打倒］）

（※チロルの）大胆不敵なパルチザンの小部隊は、敵に追撃されれば直ちに山中に逃れてここを隠れがとし、程へて再び別の地点には性懲りもなく現れるのである。また山中では、極めて強大な縦隊でもひそかに敵に近接することができる。それだから攻撃者が、山地の不可避的な影響の及ぶ範囲内に立ち入りたくなければ、また不利な闘争を仕掛けられたり、あるいはあらかじめ対策を講じようのない奇襲の目標になることを欲しなければ、軍を山地からいくばくかの距離をおいて配備しなければならないのである。（第六篇［防御］・第一六章［山地防御（続き・一）］）

クラウゼヴィッツは侵略者に対する防御者の立場から、国民戦争を有効ならしめる要件として次の五点を列挙している。

一、戦争が防御者の国内でおこなわれること。
二、戦争が、防御者側におけるただ一回の破局によって決定されるものではないこと。
三、戦場が広大な面積をしめていること。
四、国民の性格が、国民戦という手段を支持すること。
五、防御者の国土が、地形的に断絶地にとみ、接近が困難なこと。なおこのような地形は山地、森林地あるいは沼沢地によって形成されることもあれば、また耕作地の性質によって生じることもある。

スペインのパルチザンは自然発生的なものであったが、クラウゼヴィッツは国民戦、国民軍、国民総武装を国土防衛の一手段として統制できると考えた。「国民軍や武装した国民の集団は、敵主力に対してはもとより、敵の大部隊に対してすら使用されてはならない。国民軍を使用する趣旨は、敵軍の中枢を粉砕することにあるのではなくて、その表面や周辺をいわばかじるところにある」「国民軍はあたかも雲か霧のような存在であるから、ことさらに凝縮して固体となる必要はない」と、国民軍を性格づけている。

要するに国民軍は山地の入り口、沼沢地の堤防、河川の渡河点等なら、その軍の力の及ぶ範囲内で防御できるし、またかかる防御に当たるのが本筋などである。しかしこれらの防御地点が突破されたなら、本式の防御陣地に逃げ込んでこの窮屈な最後の避難所に閉じ籠ったりしないで、いったん散りぢりになり、それからまた敵の意表をつく襲撃を繰返して防御を続けるがよい。

（第六篇［防御］・第二四章［国民総武装］）

このようなクラウゼヴィッツの考え方——すなわちゲリラ戦を国土防衛の一手段として使用するということ——が、今日につづくゲリラ戦理論の原点となった。このことにかんしては次項でかんたんにふれる。ここで、ナポレオン軍がロシアで直面したコサックと武装農民のパルチザンについて、両角良彦著『一八一二年の雪』から二、三引用しておきたい。ナポレオン軍がモスクワから退却を開始した翌二十日、そして二十一日、はやくもコサック騎兵がフランス軍の長い退却縦列を襲いはじめたのである。

ナポレオンは「コサックは人類にとっての恥辱である」と罵倒《ばとう》したが、それほどひどく痛めつけられたことを告白したようなものだ。

草原の兵士たちは正規軍ではなく、斥候や軽騎兵の役をふり当てられる補助部隊だった。小さな馬に羊皮で覆った木の鞍を置き、槍、刀、ピストル、騎銃、投げ縄などのほか弓矢まで自在に操って活躍した。襲撃にあたり音をいっさい立てないのが自慢であり、手綱にも金具を用いず、外套のボタンすらつけなかった。そして森から戦場へ、戦場から森へと神出鬼没の動きを示した。

フランス軍の退却行を苦しめ抜くもう一つの勢力として、パルチザンをあげねばならない。かれらは武装農民のゲリラであり、デェニス・ダヴィドフを首領として、疲労した遠征軍に襲いかかった。侵略者を国土から撃退すべく、民衆レジスタンを展開し、捕虜と戦利品の三分の一はかれらの手柄にされたほどの働きを示した。

（『一八一二年の雪』朝日選書）

ナポレオンはコサックから痛撃されたが、「訓練されたコサックは未訓練の三個騎兵連隊に匹敵する」、「コサックはみばえがよく、頑健で、機敏で、ぬけめがなく、騎乗にすぐれ、そして疲れを知らない」とコサックを高く評価している。

話は飛ぶが、幕末のわが国に目を転じてみよう。

侵略者に対して軍隊と武装国民がいっさいをあげて抵抗すれば、侵略が失敗する確率は大となる。わが国では、一揆や島原の乱のように一地方や地域におけるパルチザン的な現象が見られたが、外国からの本格的な侵略に対して武装国民が抵抗——たとえばスペインのゲリラ戦——したという歴史はない。幕末の対外戦は、外国の艦船とわが国の沿岸砲台との射撃戦で、本格的な地上戦はおこなわれていない。

筆者は、陸上自衛隊幹部学校学生時代に国内戦——当時は極東ソ連軍の北海道侵攻が取りざたされていた——のあり方を真剣に研究し、勝利の決め手は侵攻軍の後方連絡線の弱点に乗ずることと国土の複雑な地形の活用にあると考え、参考図書を渉猟《しょうりょう》するなかで、肥後の国学者林櫻園《はやしおうえん》の焼土戦争論を見出した。

開国と攘夷でふっとうした幕末、林櫻園は武力恫喝《どうかつ》に屈しての開港に反対し、攘夷こそが西欧列強の侵略をこばむ手段であるとの信念をいだいた。列強は皆〝海路遼遠、地理に熟せざる〟客兵ゆえに、国民戦争により国土を焼土として戦えば最終的に勝てる、そのあと、主動的に国を閉ざすもよし開くもよしという堂々たる論である。

〝海路遼遠、地理に熟せざる〟客兵とは、長大な海路を後方連絡線とする、根拠地——補給の策源、兵員の補充源——を海外（香港、インドなど）に依存する海上戦力のことをいう。このような外国部隊を、敵にとっては生地《せいち》（※地形・地理が不明な土地）の、錯雑したわが国土でゲリラ戦にひっぱりこめばかならず勝てるとの意味である。

国民戦争とはゲリラ戦の別名である。もし櫻園のいうように当時全国的に燃えさかっていた攘夷の狂熱を国民遊撃戦争に組織できたとしたならば、そのなかでの消耗戦に耐えうる西欧列強がどこにあっただろうか。

（『新風連とその時代』渡辺京二著、葦書房、一九七七年刊行）

著者の渡辺京二は焼土戦争論を「思想的に見ても軍事的に見ても、幕末にのべられた攘夷論中第一等のものである」と高く評価している。当時の筆者は、林櫻園の焼土戦争論に国内戦を戦う精神的指針を啓示され、一筋の光明を見る思いがした。

幕末当時のイギリスは、七つの海にユニオンジャックの国旗をひるがえし、まさに大英帝国の絶頂期。イギリスは横浜（港が見える丘一帯）に陸上部隊を駐屯させ、横浜港に艦船を停泊させ、わが国土の一部（対馬、彦島など）に食指をのばしていたことは事実。

彼らが具体的な行動を起こさなかったのは、（これは筆者の独断偏見であるが）彼らの頭のなかに、ナポレオン軍を打倒したスペイン・パルチザンのゲリラ戦が教訓として刻まれていたのではなかろうか……。イギリスのウェリントン軍がスペインに出兵し、パルチザンを支援していたことは歴史上の事実である。

当時のわが国は二百数十年の泰平になれ、軍事思想も軍備も旧式で外国軍とまともには戦えなかったが、全国の諸藩には武士が存在し、ゲリラ戦ともなれば彼らが中核となり、おそるべき戦いを展開したにちがいない。櫻園が想定したようなゲリラ戦が起きていたならば、日本人の国土防衛意識は貴重な精神的遺産として今日に伝わったであろう……。

パルチザンの系譜――今日的課題

一九世紀のスペイン・ゲリラ戦争のパルチザンは、ヨーロッパ最強のナポレオン軍のアキレス腱となったばかりではなく、クラウゼヴィッツの『戦争論』をへて、レーニン、毛沢東、ボー・グエン・ザップなどへとつらなる二〇世紀の革命理論、ゲリラ戦理論へと進化し、今日なお深刻な影響をおよぼしている。

このことにかかわりすぎると、本書の命題を大きく逸脱することになりかねないので、本項では、カール・シュミットの言葉（『パルチザンの理論』）をかりながら、ごく表面的なこと、大きな流れについてざっととふれておく。

一八〇八年から一三年にかけての、スペイン、チロル、ロシアにおいて闘ったパルチザンたちについて、そのことは（※パルチザンを土地的性格において基礎づけること）即座に明白である。さらにまた、第二次大戦およびそれ以後のインドシナや他の国々におけるパルチザン闘争も――それらは、毛沢東、ホー・チ・ミン、フィデル・カストロの名でもってよく示されるのだが――土地との結びつきが、すなわち土地の住民や陸地の地理的特性――山脈、森、ジャングル、荒野――との結びつきが、依然変わることなく有効であることを認識させる。

（カール・シュミット著『パルチザンの理論』）

マルクス主義の職業革命家レーニンは、クラウゼヴィッツのすぐれた理解者であり、崇拝者であった。レーニンは第一次大戦中の一九一五年に『戦争論』を徹底的に研究して、独自の新しい革命理論に発展させた。

レーニンが、クラウゼヴィッツから学ぶことができ、基本的に学んだところのものは、政治の継続としての戦争ということについての有名な公式だけではない。それは、次のようないっそう広範な認識である。すなわち、友と敵とを区別することは、革命の時代においては、第一次的なものであり、また、戦争および政治をも規定するものである、といういっそう広範な認識である。革命戦争のみが、レーニンにとって、真の戦争である。なぜならば、革命戦争は、絶対的な敵対関係から発生するものだからである。それ以外のすべては、在来的なゲームなのである。

(カール・シュミット著『パルチザンの理論』)

レーニンの革命理論からロシア革命によりソ連邦が誕生し、これらを真剣に学んだ毛沢東がより具体的な遊撃戦理論=ゲリラ戦理論を確立して、抗日戦および国内戦を勝ちぬいて中華人民共和国を誕生させた。毛沢東に学んだホー・チ・ミンとボー・グエン・ザップは、ゲリラ戦によりまずフランス軍を、次いでアメリカ軍をインドシナから追い出し、現在の統一ベトナムが誕生した。

現代の革命戦争における最大の実践家は、同時にそのもっとも有名な理論家になった。すなわち毛沢東である。毛沢東の著作の多くは「今日、西洋の士官学校の必修読物」（ハンス・ヘレン）である。毛沢東は、すでに一九二七年以来共産主義者の行動における諸経験を集め、さらに一九三二年の日本の侵攻を利用することによって、彼は民族的であると同時に国際的な内戦についてのあらゆる現代的な方法を体系的に展開することができた。一九三四年一一月以来、華南から蒙古国境まで、膨大な犠牲をはらっての一万二〇〇〇km以上にわたる「長征」は、一連のパルチザン行為および経験であった。その結果、中国共産党はその核心にパルチザンをもつ農民および兵士の党へと作り上げられた。

（カール・シュミット著『パルチザンの理論』）

筆者が防衛大学校の学生であった一九六〇年代末期（昭和四〇年前後）はベトナム戦争の最盛期で、国内では大学紛争、ベトナム反戦運動、七〇年反安保闘争が、国外では中国の文化大革命、フランスの五月革命、アメリカの大規模反戦運動、ソ連軍戦車の侵攻による「プラハの春」制圧などが同時に起き、世界中がにえたぎっていた。

当時はマルクス・レーニン主義を信奉するいわゆる進歩的文化人の最盛期で、インターネットや携帯電話などはなく、本、週刊誌、新聞などの紙媒体、ラジオ・テレビおよび風評が主要な情報源だった。筆者の記憶では、防大の教科書に毛沢東の著作はなかった。むしろ、政治闘争の様相を帯びる大学生を中心とする左派勢力向けに、『毛沢東語録』、『毛沢東選集』など毛沢東の著作の多くが書店にならんでいた。

筆者は、新宿駅騒擾（一九六八年十月）、東大安田講堂攻防（一九六九年一月）などテレビで中継される現場のリアルな映像を見て、「革命前夜の様相だ」と危機感をいだいたものだ。武装革命や内乱といった状態となれば、自衛隊はこれらを鎮圧する立場であり、治安出動訓練も実際におこない、それなりの緊張感をもっていたことは事実である。

かえりみれば、一九六〇年代末期の日本国内の一連の騒動は、革命前夜などとは無縁の若者の革命ごっこにすぎなかった。

一方ベトナムでは、五五万人超の大軍を派遣していた米軍は、いわゆる〝ベトコン〟の赤い海のなかで、絶望的な戦いをしいられていた。ベトナム側の戦いを指導したのがボー・グエン・ザップ将軍だった。

党は〔ロシアの〕一〇月革命がソヴィエト赤軍と共に、資本主義国家の労働者に対してのみならず植民地人民に対しても開放の道を示した、その価値ある経験を急襲することができた。党はまた、半植民地国において、民族民主革命、革命戦争、革命軍などの諸理論を充実させることとなった、中国革命と中国解放軍の価値ある経験からも学ぶことができた。この見事な先例は、絶えずベトナム人民の闘争と成功の道を照らし続けた。

ソ連邦や人民中国のこの上なく貴重な経験をわれらのものとし、わが党はベトナムにおける革命戦争の具体的現実を常に考慮に入れた。そうしたことにより、今度はわが党が、革命戦争と革命軍の理論を充実させることができたのである。

ゲリラ戦は、経済的後進国の人民大衆が、強力な装備を有し、よく訓練された侵略軍に対して立ち上がった時の戦争形態である。敵が強ければ、敵をかわし、敵が弱ければ、敵を攻める。敵の近代的武装に対しては、情勢に応じて敵を間断なく攻撃したり殲滅したり、軍事行動に政治的・経済的行動を組み入れたりして、打ち負かすために限りなき英雄主義で立ち向かうのである。定まった境界線などはなく、敵の見えるところすべてが戦線なのである。

全人民が武装闘争に参加した。彼らは、ゲリラ戦の原則により、小部隊に分かれて闘った。しかし彼らは常に、唯一同一の方針と、同一の指針、すなわち党中央委員会と政府の指針に従って闘ったのである。

（ボー・グエン・ザップ著／眞保潤一郎・三宅蕗子訳『人民の戦争・人民の軍隊』中公文庫）

本章の冒頭で開高健の主張「アメリカがベトナムから足をぬくことが、泥沼のベトナム戦争を解決する唯一の方法」を紹介したが、米軍は一九七三年三月にベトナムから完全に撤退し、二年後の一九七五年四月三十日、北ベトナム軍がサイゴンに入城して南ベトナム（ベトナム共和国）という国家が消滅した。

米軍は、一九七三年のベトナムからの完全撤退後、「ベトナム戦争になぜ負けたのか？」という研究を徹底しておこなった。この一環として、米陸軍戦略大学校で、『孫子』、クラウゼヴィッツ『戦争論』、ジョミニ『戦争術概論』などの「軍事古典研究」をおこなった。

研究の成果が米陸軍戦略大学校テキストとして上級将校の教育に使用され、また研究を主導したマイケル・I・ハンデル教授の研究成果は、ワインバーガー国防長官の「軍事力の使用」という演説に結実した。同演説は一九八六年度「国防報告書」に反映され、「ワインバーガー・ドクトリン」となった。

ちなみに、ワインバーガー・ドクトリンは次の六項目を軍事力使用の条件としている。

一、（米国あるいは同盟国にとり）死活的な国益の存在

二、（軍事力を行使する場合は）圧倒的な戦力を投入

三、明確な政治・軍事目的および具体的な軍事目標の確立

四、国益に合致し、かつ勝てる戦争か？（負ける戦争はするな）

五、国民・議会の支持の確保

六、合衆国軍隊の派遣は最後の手段

フランスのインドシナからの撤退後、手をこまねくと、インドシナ全体が赤化するという〝ドミノ理論〟をひっさげてアメリカはベトナム戦争に介入した。しかしながら、アメリカの介入には大義名分がとぼしく、アメリカは五五万人をこえる大軍を投入したが、結果的にはゲリラ戦に敗北して全面的に撤退せざるを得なかった。

米軍はゲリラ戦に敗北したというが、だれが敵か見きわめがつかず、一般住民（農民）を無差別に殺戮して、最終的に勝てなかったというのが実体だ。数年前、戦場や戦闘の概念を一変させる『動くものはすべて殺せ―アメリカ兵はベトナムで何をしたか』（ニック・タータス著、布施由紀子翻訳、みすず書房）が出版され、筆者も衝撃をうけた。

ベトナム戦線で、規律・モラル・人間性を失った軍隊（ベトナム派遣軍）は、戦線がなく敵のすがたが見えない南ベトナムの全域で、無差別に、文字どおりの所業（老若男女をとわず動くものはすべて殺せ）をおこなったのだ。著者ニック・タータスは公的資料にもとづくていねいな取材により、その実態を赤裸々に描いている。

アメリカは六万人あまりのすさまじい犠牲をはらって「アメリカ、もしくは同盟国の死活的な利益がひじょうに危険な状態にならないかぎり、アメリカは海外の作戦・戦闘に、戦力を投入するべきではない」（第一項目）という教訓を得た。それでも、アメリカはおくればせながらベトナムから撤退するという決断をしたが、ナポレオンにはこの勇気がなかった。

単純な結論だが、いかなる国家も正義をふりかざして第三国の内政問題に介入してはいけないのだ。

まとめ──「戦いの原則」から見たナポレオン戦争

ナポレオンが歴史の表舞台にさっそうと登場した一八世紀末は、大変革の時代であった。一七八九年のフランス革命の影響は、またたくまにヨーロッパ全域に波及した。専制君主政治は立憲君主政治または共和政治となり、封建的階級制度による社会組織が崩壊し、軍事制度も傭兵制度から徴兵制度へとかわった。

傭兵制度下では、軍隊の維持に多額の経費が必要であるが、反面、長期間の高度な訓練が可能となる。戦闘は密集隊形による横隊でおこなわれ、司令官の一令で全部隊が動いた。兵士の補充には多額の費用が必要となるので、態勢の優劣で勝ち負けをきめ、兵士の損耗をさけるために決戦しないことが一般的であった。徴兵制度下では、兵士の損耗を気にすることなく大兵力の徴集が可能となり、戦い方も散兵や砲兵が火力を発揮して敵陣を動揺させ、歩兵が運動容易な縦隊隊形で白兵突撃し、決戦をもとめるようになった。

軍の制度が変化し戦い方が変化したにもかかわらず、各国の将帥はこのことを理解しようとはせず、あいもかわらず土地の攻防を目標とし、兵力を分散して慎重に機動をおこなう旧来の戦い方（陣地戦）にこだわった。ナポレオンは、徴兵制度にもとづく国民軍の特性を生かして、創造的破壊による新戦法（機動戦）を駆使して、時代の寵児《ちょうじ》となった。

将帥ナポレオンは、みずから作戦を計画し、陣頭に立って戦闘を指導し、独裁により意のごとく戦場を支配した。敵将はナポレオンの新しい戦い方が理解できず、とうぜんながら対抗手段をもたず、「ナポレオンは戦術を知らない」とくやしがった。ナポレオンには彼の頭脳を代行する参謀は必要なく、指揮下の将軍は彼の意のままに動けば勝てた。ナポレオンの命令がとどく範囲では連戦連勝だったが、これが将帥ナポレオンの限界でもあった。

将帥ナポレオンは作戦に専念できたが、皇帝ナポレオンは政治も軍事もひとりでやった。皇帝を補佐しその意図を具現する政治家もいなく、軍事を代行する将軍も育成していなかったのである。政治も外交も軍事もヨーロッパ全域へと拡大し、会戦もナポレオンが直接指揮する戦場では勝てるが他の正面では勝てなくなり、やがて破断界に達し、ナポレオンは歴史の表舞台から去っていく。

混迷の時代を生きぬくためには、時代の変化を先取りして、新しい戦い方を創造しなければならない。ただし、原理原則をふまえたうえでの創造的破壊が基本である。ナポレオン戦争は、このことにかんして多くのヒントをあたえてくれる。

目的（the Objective）――目的・目標を確立して、徹底して追求せよ

ナポレオンの宿望は不倶戴天の敵イギリスを圧倒してフランスの世界制覇を確立することであった。一八〇五年、ナポレオンは一〇万をこえる精兵でドーバー海峡を渡航してイギリスを軍事的に制圧しようとしたが、ドーバー海峡の制海権を確保することができず断念した。一八〇六年、ナポレオンは大陸封鎖令を発して、イギリスとヨーロッパ大陸間の貿易を禁止して、イギリスを経済的に封鎖しようとした。

ヨーロッパの各国はそれぞれに複雑な利害関係があり、ナポレオンの意図どおりにはいかない。このような背景のなかから、一八〇八年のスペイン遠征が起こり、ナポレオンみずから軍隊をひきいてマドリードを制圧するが、そのあとスペイン全土でパルチザンが蜂起してゲリラ戦となり、フランス軍二〇万人あまりがスペインにくぎ付けになった。この状態で一八一二年にロシア遠征をおこない、遠征軍が壊滅するという惨敗だった。

ロシア遠征の目的はロシアに大陸封鎖令を厳守させることである。ナポレオンは四二万二〇〇〇の大軍でロシアに侵攻し、軍事的圧力をかけて、ロシア皇帝アレクサンドル一世にいうことをきかせようとした。この目的を達成するための具体的な目標が「ロシア野戦軍の撃滅」である。ナポレオンは、侵攻初期にロシア軍主力との決戦が生起することを望んだが、長駆一〇〇〇キロにおよぶモスクワまで遠征することは予期していなかった。

ロシア側の戦争目的は、侵攻軍を撃退して領土を回復する祖国防衛戦争である。このための具体的な目標は、持久作戦により侵攻軍を消耗させ、最終的に反撃して国境外に追いかえすことだった。過早な決戦をさけて、広大なロシアの大地に侵攻軍をひっぱりこみ、冬将軍を最大限に活用しようという防勢的な考え方である。

一八一二年六月二十四日、遠征軍は、コヴノでいっせいにニーメン河を渡河、はるか地平線まで生き物はなにひとつ見あたらない広大なロシアの大地に進撃を開始した。だが、ナポレオンが望んだロシア野戦軍との決戦の機会はなかなかおとずれなかった。

七月二十八日、遠征軍はロシア軍が放棄したヴィテブスクの町に入り、一〇日間の休養をとった。この間に、ナポレオンは具体的な目標を「モスクワの占領」に変更した。首都を占領することにより、戦争目的が達成できると考えたのである。遠征軍は八月十二日にスモレンスクに向かって前進を再開し、八月十六日にロシア軍主力一二万と会敵したが、ロシア軍は十八日にふたたびスモレンスクを放棄して退却した。

遠征軍は、ロシア軍を追ってスモレンスクからさらに前進し、九月五日〜八日の間、ボロジノで待望の会戦をおこなった。遠征軍、ロシア軍の双方ともに「勝った」と宣言したが、フランス軍はロシア野戦軍を撃滅できなかった。

この時点で、ロシア軍新司令官に任命されていたクトゥーゾフ将軍は、モスクワを放棄することをロシア皇帝に意見具申して、ロシア軍主力はカルーガ付近に退避した。首都モスクワを失っても軍隊が健在であればロシアをすくうことはできる、モスクワと軍隊を同時に失うべきではない、とクトゥーゾフ将軍は考えたのである。

九月十四日、初秋のさわやかな日射しのもと、遠征軍は放棄されたロシアの首都モスクワに入城した。モスクワは占領したものの、ロシア皇帝がナポレオンに和を請う気配はまったくなかった。遠征軍はおよそ一ヵ月間なすことなくモスクワに駐留したのち、十月十九日モスクワから撤退を開始した。この年は例年より早く雪がふり、ロシアの峻烈な冬将軍の到来がせまり、遠征軍にいやおうなく撤退をうながしたのだ。

遠征軍の兵力は、四二万二〇〇〇（六月、コヴノ）、一七万五〇〇〇（七月、ヴィテブスク）、一四万五〇〇〇（八月、スモレンスク）、一二万七〇〇〇（九月、グジャーチ）、一〇万（十月、モスクワ）と時間の経過とともに減耗《げんもう》し、十二月八日ヴィルナに帰着したときは八〇〇〇にすぎなかった（※情報グラフィックスの古典的名作と評価されるシャルル・ジョゼフ・ミナールの「一八一二－一八一三年ロシア戦役地図」参照）。焦土作戦、ロシア軍による追撃、パルチザンのゲリラ攻撃、補給（食糧・物資）の途絶、冬将軍の猛威（最低気温氷点下三八度）などにより遠征軍のほとんどが潰《つい》えた。

皇帝ナポレオンは、「大陸封鎖令を厳守させる」という戦争目的を達成するために「ロシア野戦軍の撃滅」を具体的目標としてかかげたが、ロシア軍の持久作戦とかみあわず、さらには「モスクワ占領」に目標をかえたが、結果は遠征軍の全滅であった。ロシア軍は多大の犠牲をはらいながら祖国防衛戦争を戦いぬき、侵攻軍を撃退して国土を回復した。

目的は理想や夢ではなく、あくまで具体的で実現可能でなければならない。このような意味において、皇帝ナポレオンがかかげた「大陸封鎖令を厳守させる」という戦争目的は、軍事的手段では達成不可能であり、たんなる願望にすぎなかった。根本となる目的をまちがえると、挽回不可能な結果をもたらす典型例である。またロシア遠征は〝攻勢終末点〟をはるかにこえた作戦で、軍事的にも成り立たなかった。

軍事作戦にはかならず限界があり、作戦可能な範囲を攻勢終末点（operational reach）に達する前に見極めることが大原則である。ナポレオンがこのことを知らなかったはずはないが、ロシアの無限に広がる空間に誘引され、夏季の酷暑、秋季の泥濘《でいねい》、冬季の酷寒という季節的条件に決定的に打ちのめされた。

主動（Offensive）――イニシアティブを奪い、敵をわれに追随させよ

プロシア軍参謀総長モルトケ将軍が「われはかくする。よって敵をしてかくせしむる」とシンプルに表現しているように、主動の原則は形式ではなく態度の原則である。おうせいな企図心をもって自主積極的に行動し、わが意志を相手におしつけて受動の立場に追いやり、戦勢を支配しようとするものである。

一八〇四年五月十八日、ナポレオンは帝位にのぼった。翌一八〇五年八月、イギリス上陸作戦を一時断念したナポレオンは、オーストリアに対して宣戦し、ブローニュ付近に展開していたフランス軍をライン河畔に向けた。ナポレオン三六歳、歴戦の将軍たちはほとんど三〇代で、新編成のグランド・アルメは訓練をつみあげた欧州最強の軍隊だった。

ウルム会戦勝利の余勢を駆って、十二月、フランス軍とオーストリア・ロシア同盟軍がアウステルリッツで大規模な会戦をおこなった（三人の皇帝が一堂に会して戦ったので三帝会戦ともいう）。直接対峙した戦場の広さは正面一〇キロ、縦深一五キロ、アウステルリッツ会戦は、主動の原則を絵にかいたような、ナポレオン戦術の最高傑作である。

戦場の中央にブラッツェン高地があり、この高地を先取したものが勝つというほどの戦術的な要地である。ナポレオンはこの高地をあえてすて（敵にえさをあたえて）、その西方に防御陣地を構築して、オーストリア・ロシア同盟軍八万五〇〇〇の攻撃をまち受けた。ナポレオンは、敵はかならずブラッツェン高地を占領し、この高地をテコ（旋回軸）として、フランス軍防御陣地の右翼から攻撃してくると判断して、これを前提とした攻勢防御という高度の戦い方を企図した。

敵将はナポレオンの戦術能力のなさをあなどり、まずブラッツェン高地を占領、ついでナポレオンが予期したとおりフランス軍の右翼に対して主攻撃を指向した。一八〇五年十二月二日朝、フランス軍七万五〇〇〇はまず中央軍が攻撃を開始し、ブラッツェン高地を奪取して同盟軍を前後に分断、敵主力を背後から攻撃した。午後二時頃同盟軍は戦死一万五〇〇〇、捕虜二万を出して大敗した。フランス軍は戦死一〇〇〇だった。

ナポレオンは攻勢防御のイメージを精密にえがき（われはかくする）、敵の行動をさそいこみ（敵をしてかくせしむる）、企図したイメージどおりに作戦を遂行した。攻勢防御が成功したカギは、プラッツェン高地をあえて放棄したことである。ナポレオンの卓抜した戦術眼とナポレオンの意図どおりに動く精鋭部隊の両者あいまっての芸術的な傑作である。アウステルリッツ会戦は、ナポレオンが武将としてかがやいた頂点であった。

敵ヲ致《いた》シテ大勝ヲ博センガタメニハ、主動ノ地位ニ立チ、合法的ニ画策スベキハモチロンナルモ、時トシテハ奇法ニ出テ変則ヲ応用シ、カツアル程度ノ冒険ヲ敢《あ》エテスルコト必要ナリ。イカナル程度ニ冒険ヲ賭シ、イカナル程度ニ本格的原則ヲ遵守《じゅんしゅ》スベキカハ、敵の特性、我ガ実力、統帥ノ自信等ニヨッテ定マルモノニシテ、運用ノ妙味《みようみ》ノ存スルトコロタリ。将帥ハ機眼《きがん》ヲモッテ、ソノ宜《よろ》シキヲ制セザルベカラズ。

（陸軍大学校編纂『統帥参考』）

集中（Mass）——**戦闘力は兵力数の二乗に比例する**

兵力の節用（Economy of Force）——**すべてを守ろうとするものは、すべてを失う**

集中の原則は、古来、列国が戦術の基本原則として重視した。小兵力をもって大兵力をやぶった戦例は枚挙《まいきょ》にいとまないが、これらを詳細に分析すると、決勝点における相対戦闘力は、常に勝者が敗者を上回っていたことがわかる。要は、全力をもって敵の分力をうつ、という優勝劣敗の状態をいかに作り出すかということだ。有限の戦力をどこかに集中すると、ほかの方面に使用する戦力は節約しなければならない。これが兵力の節用である。

ナポレオンは一七九六年初頭にイタリア派遣軍軍司令官に任命された。二七歳、陸軍中将である。彼はコルシカ貴族の出身で、かねてからイタリアへの関心がつよく、長年にわたって兵要地誌の研究をおこなっていた。当時は、フランス革命に対するヨーロッパ各国の反感がつよく、フランスと国境を接する北部イタリアのサルジニア王国はオーストリアと同盟をむすんでいた。

一七九六年の第一次イタリア戦役は、新・旧戦術の対決であり、ナポレオンが歴史に本格的にデビューする舞台となった。各個撃破、大胆な機動、決勝点への戦闘力の集中など、近代的な戦法がはなばなしく花開いた戦役でもある。

三万六〇〇〇のフランス軍は、四月に侵攻作戦を開始した。対するサルジニア軍二万二〇〇〇、オーストリア軍三万八〇〇〇の合計六万。ナポレオンは、広正面に展開していたサルジニア軍とオーストリア軍の中央を分断して、まずサルジニア軍を各個撃破し、ついで退却するオーストリア軍を二四〇キロ追撃して、オーストリア軍をイタリアから追い出した。オーストリア軍はマントワ要塞に一万の守兵をのこして、チロルへ退避した。後刻、マントワ要塞をめぐってガルダ湖畔で絵に描いたような各個撃破の戦闘が起きた。

一七九六年七月、フランス軍三万あまりはマントワ要塞を包囲していたが、オーストリア軍五万がフランス軍を挟撃《きょうげき》すべく北方から進撃を開始した。オーストリア軍は、ガルダ湖西岸を二万、ガルダ湖東岸を二万五〇〇〇、さらに東方の山中を五〇〇〇の三径路で分進した。旧来の戦い方では、この態勢はフランス軍が挟撃されて不利・ピンチと見えるが、ナポレオンはこれを各個撃破の好機・チャンスととらえた。

ナポレオンはただちにマントワ要塞のかこみをといてガルダ湖南側に部隊を集結させた。八月三日、フランス軍三万はガルダ湖西岸サローでオーストリア軍二万を撃破した。フランス軍はただちに反転して、後方にせまっていたオーストリア軍主力二万五〇〇〇を、八月五日カスチグリオーヌにおいて撃滅した。

三つの部隊に分かれて行軍しているオーストリア軍が合一すれば、フランス軍の勝ち目はなくなる。ナポレオンは、三者が相互支援できない時間的・距離的に分離している敵の弱点をつき、各局面における相対戦闘力を優勢にして、短時間のうちにそれぞれを各個に撃破した。戦場の広さは南北七〇キロ、東西七〇キロであった。

ナポレオンは、マントワ要塞のかこみをといたとき、わずかの兵力を警戒のためにのこした。要塞にこもっていた一万の守備兵が攻撃に出れば、ナポレオンがのこした警戒部隊はひとたまりもなかったであろう。ナポレオンはこの危険をあえておかし、決戦正面に戦闘力を徹底して集中したのだ。警戒部隊にはその意をふくませ、精鋭部隊をのこしたにちがいない。この非情さがなければ、戦いには勝てない。

今日の戦術教範では各個撃破は常識となっている。しかしながら、イタリア戦役当時の教範には各個撃破という戦術・戦法はなく、いわば異端であった。ナポレオンは数学が得意で、ランチェスターの二次則を思いつくような感覚をもっていた。彼はフランス革命を体験し、大変革の時代の風をまともにうけていたからこそ、各個撃破という近代戦術を思いつき、それを実行できる環境にめぐまれたのである。

機動(Maneuver)──形而上下のあらゆる戦闘力を決勝点に集中せよ

機動とは、作戦または戦闘において、敵に対して有利な地位をしめるために、部隊が移動することをいう。戦闘は、決勝点に対する彼我《ひが》戦闘力の集中競争である。所望の時期と場所に敵にまさる戦闘力を集中するためには、迅速な機動力の発揮が不可欠である。

個々の戦闘場面で機動力を発揮した例

ガルダ湖畔の戦闘において、ナポレオンはサローおよびカスチグリオーヌでオーストリア軍を各個撃破したが、これを可能にした最大の要因は機動力の優越であった。フランス軍は強行軍につぐ強行軍で、虎の子の大砲を地中にうめて移動速度をはやめ、ナポレオン自身も名馬を五頭乗りつぶしたといわれる。

第六章で、参謀として身近につかえたジョミニが目撃した皇帝時代のナポレオン軍戦闘指揮所の情景を紹介した。ガルダ湖畔の戦闘時も、ナポレオンはこのようにして、みずから自軍と敵軍の位置関係を詳細に計算して、やつぎばやに命令を出したのであろう。ナポレオン戦争当時のフランス軍は、歩兵は徒歩行軍で、騎兵は馬で、砲兵は大砲を馬にひかせて、戦場の決勝点へと集中した。

昭和初期頃の旧陸軍では、徒歩行軍を主体とする大部隊の移動距離は、一日六里（二四キロ）が標準であった。ガルダ湖畔で戦ったオーストリア軍も、一日二四キロぐらいで行軍したのではなかろうか。ナポレオン軍はオーストリア軍の意表をつく倍の速さで移動し、いきなり白兵突撃をおこなった。ロシア遠征時に、一日六〇キロの強行軍をしたという記録があるが、さすがにこの時は落伍者が続出したようだ……。

「ナポレオンの方式は、一日に二五マイル（四〇キロ）行軍し、戦い、そしてそのあとせいせいと野営につくことであった。ナポレオンはこれよりほかに戦いをおこなうすべを知らない」とジョミニに語っている。ナポレオンみずから馬を五頭乗りつぶすほどの陣頭指揮が、ガルダ湖畔での各個撃破を可能にした。

作戦レベルで機動力を発揮した例

第二次イタリア戦役で、第一統領となったナポレオンは、四万二〇〇〇の軍団をひきいて、雪がのこるアルプスをこえて（一八〇〇年五月）、オーストリア軍の退路を遮断するという大胆な機動をおこなった。この機動により、オーストリア軍八万は準備していたアペニン山脈南麓の陣地を放棄せざるを得なくなり、やがてマレンゴの会戦（一八〇〇年六月）へと展開する。（※第二章）

時間をかけて準備した陣地で戦えば防者が圧倒的に有利であるが、この敵を陣地外にさそい出せば逆に攻者が有利となる。準備した陣地を放棄させるためには、大胆な機動により防者の後方に重大な脅威（後方連絡線の遮断など）をあたえて心理的に追いこむ必要がある。戦術教範にいう「迂回行動による陣外決戦」である。

機動戦で会戦をおこなった例

第四章でとりあげたウルム会戦は短期決戦、速戦即決、最小の犠牲で最大の成果をあげるという戦術原則の典型例といえる。ナポレオンの戦い方の特色のひとつは機動力の発揮であるが、ウルム会戦はさらに上位レベルの近代的な機動戦といえる。

ドーバー海峡渡航を中止し、方向を東方に転じたフランス軍はライン河畔に戦略展開した。皇帝兼ねてグランド・アルメ最高司令官ナポレオンはみずから現場に進出して全軍を指揮し、南ドイツの広い戦域で、各軍団をあたかも将棋の駒のごとく動かした。

ドナウ河渡河以降、十月十六日から十九日の間、戦闘というよりはむしろ小衝突の連続であった。フランス軍歩兵部隊は強行軍につぐ強行軍で目まぐるしく動き、全体的にテンポの速い動き（機動力の発揮）によって、オーストリア軍を一方的にウルム要塞に追いつめ、籠城させ、そして降伏させた。オーストリア軍司令官は、広大な戦域に目がとどかず、目まぐるしく動く戦況に幻惑され、なすすべがなかった。

指揮の統一（Unity of Command）

——軍隊の指揮官はオーケストラの指揮者のごとくあるべし

統一には、文字どおりの指揮の一元化と、部隊全体の形而上下の統一という二面性がある。ひとりの指揮官に必要な権限——指揮および統制の機能——をあたえる場合、統一はもっとも容易となる。ナポレオンは「ひとりの愚将もふたりの良将にまさる」と喝破《かっぱ》している。指揮の統一とは、ひとりの指揮官が、部隊のあらゆる行動を共通の目標に向かわせ、そして調整することである。各部隊の自主的な協同により調和が生まれこともあるが、ひとりの指揮官に必要な権限をあたえるのが、部隊全体の形而上下の活動を統一するためにもっとも効果がある。

第四章でとりあげたブローニュ宿営地におけるおよそ二年間の徹底した訓練から誕生したのが欧州最強のグランド・アルメだった。軍団長以下おなじ指揮官のもとで、二年間訓練に専念し、おなじ釜の飯を食えば、部隊全体の形而上下の活動はいやも応もなく統一できる。部隊精強のメルクマールといわれる規律、団結、士気は最高レベルにたっし、ウルム会戦、アウステルリッツ会戦、およびイエナ会戦ではむかうところ敵なしだった。

このことは今日でもまったくかわらないが、平時における軍隊の最大の仕事は教育訓練である。ブローニュ宿営地はその模範例といえよう。散兵、歩兵の縦隊攻撃、砲兵の機動的運用、あるいは歩兵・騎兵・砲兵の一体運用など、従来の軍事常識から脱皮した新しい戦い方がブローニュ宿営地で徹底して訓練されたからこそ、ナポレオンの軍隊は精強だった。

指揮の一元化の例を、ガルダ湖畔の各個撃破を別の切り口でとりあげる。

オーストリア軍司令官ウルムゼル（七二歳）の企図は、三つに分けて南進させた部隊五万を合一し、マントワ要塞の守兵一万と合わせて、ナポレオン軍三万六〇〇〇を挟撃することであった。従来の軍事常識からいえば、オーストリア軍五万が合一した時点で勝敗は決し、ナポレオン軍は退却するはずであった。

ナポレオンは退却ではなく各個撃破という常識やぶりの行動に出た。内線作戦の利を生かして、制限のある時間内に部隊を集結させ、移動させ、敵を攻撃し、ふたたび部隊を新たな敵に向かわせる。三万の部隊が移動すると、一本の道路であれば長径は四〇キロちかくなる。数本の道路を使用しても、各部隊の行軍長径は一〇キロ程度となる。このような状態にある部隊を意のごとく動かすためには、ナポレオンの意図が時々刻々と各部隊に伝達できなければならない。

ナポレオンは、指揮下部隊長に命令を伝達する手段として、優秀な将校をスタッフ（参謀）に任命して、彼らを最大限活用した。ナポレオン自身も馬を駆ったが、側近のスタッフが走りまわり、命令を伝達し、各部隊の状況を掌握してナポレオンに報告した。

従来の戦い方であれば、司令官の号令がとどく範囲が戦場だったが、ナポレオン方式であれば、馬で走りまわれる距離すなわち命令がとどく範囲に戦場を拡大できる。ナポレオンは、統一の原則を、スタッフを創設することにより、質的・量的にイノベーションした。

ナポレオンは参謀を作って勝ったといわれるが、ナポレオンの参謀はナポレオンの意図伝達者であり、日本の戦国時代の「むかで衆」のような存在だった。七二歳のオーストリア軍司令官ウルムゼル将軍は、サローおよびカスチグリオーヌで指揮下部隊がなぜ各別に撃破されたのか、納得できなかったのではなかろうか。

しかしながら、ナポレオンも人の子であった。成功体験を過信し、戦域も軍隊の規模もいちじるしく拡大したにもかかわらず、これまでと同様にみずからの直接指揮にこだわり、一八一〇年ころからフランス軍はこれまでのようには勝てなくなった。

ナポレオンが直接指揮する戦場では圧勝するが、他の正面では連戦連敗となった。ナポレオンにいためつけられていた間、プロイセン（後のドイツ）はナポレオンの戦い方を研究し、近代的な参謀システムを創設して、ナポレオンの一歩上をゆく戦い方を創出した。

プロイセン軍は、企業の事業部制のように、各司令官には命令ではなく任務（ミッション）を与え（※具体的な実行要領ではなく包括任務を付与するやり方、ミッション・コマンドという）、各司令官が独自に判断して行動できるようにした。統一の原則はふたたびイノベーションのときをむかえた。指揮官の頭脳を補佐し、代行する参謀が登場し、国軍全体を統制する参謀本部へと進化した。

参謀本部は最高司令官の頭脳を補佐する機関として全体構想を決定し、各軍司令官には任務のみを与え、具体的な実行要領は軍司令官にまかせた。最高司令官と各軍司令官の認識を統一するため、すなわち作戦に齟齬《そご》をきたさないように参謀本部から各軍司令部に参謀を派遣して軍司令官を補佐させた。派遣参謀は参謀本部の意思伝達者として行動した。

奇襲（Surprise）――想定外こそが奇襲の本質である

ナポレオンの軍隊が精強であったのは、つきつめて言えば、〝奇襲〟に収斂《しゅうれん》する。

奇襲とは、敵の予期しない時期、場所、方法などで、敵に対応のいとまをあたえないように打撃することである。もっとも重要なことは、「対応のいとまをあたえない」ことで、このためには、意表をついて獲得した戦果をすみやかに拡大して、目標を達成しなければならない。

一七八九年のフランス革命は、ヨーロッパ各国の君主を震撼《しんかん》させた。これまでの価値観を根底からくつがえす国民国家が誕生し、各国はこの革命に積極的に干渉した。フランス国内の反革命戦争および欧州各国のフランス革命に対する干渉戦争のなかから、軍事の天才ナポレオンが創造的破壊者として忽然《こつぜん》と登場した。

各国の君主や将帥からみると、フランス革命とナポレオンの軍事革命そのものが奇襲であり、対応のいとますらなく、ナポレオン（フランス）にヨーロッパ全域を席巻された。君主の私兵（傭兵制度）に対する国民軍（徴兵制度）の誕生は、態勢の優劣を争う陣地戦から敵の撃滅をめざす殲滅戦へと戦い方が根本的に変化した。

一七九六年のガルダ湖畔の戦闘で起きた各個撃破は戦法的奇襲であり、これを可能にした迅速かつ大胆な機動、決勝点への徹底した戦闘力の集中も、敵将の意表をついたものだった。第二次イタリア戦役（一八〇〇年）で、ナポレオンは四万二〇〇〇の軍団を直卒して残雪のアルプスをこえたが、これは場所的奇襲であった。

フランス軍の編成は、ディビジョン（師団・軍団）となり、スタッフ（参謀の原初的形態）の創設とあいまって、師団や軍団が独立的に行動できるようになり、作戦地域がいちじるしく拡大した。これなども軍隊の組織的奇襲である。

第一次イタリア戦役（一七九六年）からイエナ会戦（一八〇六年）ころまでのおよそ一〇年間は、ナポレオンの登場による軍事革命が奇襲効果を最大限に発揮し、まさにナポレオンのひとり舞台であった。しかしながら、奇襲の効果は永遠にはつづかない。各国はナポレオンの戦い方、戦法などを研究して、やがてこれを打破する方法、手段を開発する。

奇襲する者は、また敵から同様に奇襲される。

かつて将帥ナポレオンが破竹の進撃をつづけたころ、頭のかたい将軍連中は「ナポレオンは戦術を知らない」とあざけったが、そのナポレオンもロシア遠征（一八一二年）で「クトゥーゾフは戦術を知らない」（『ナポレオン露国遠征論』トルストイ著）とぼやいた。ナポレオンはスペインでゲリラ戦を身にしみて体験したが、これから何も学ばなかった。創造的破壊でヨーロッパを席巻した軍事的天才も、みずからの頭脳は破壊できなかった。

一八〇八年末～九年一月、皇帝ナポレオンはみずから軍隊を指揮してスペインに侵攻し、またたくまにマドリードを占領し、イギリス軍を大陸から追い出した。しかしながら、スペインは地形が複雑で殲滅戦は起こらず、剽悍《ひょうかん》な国民性とあいまって、スペイン全土でパルチザンが蜂起してゲリラ戦となった。ナポレオンにとってゲリラ戦は戦法的奇襲で、手の打ちようがなかった。ロシア遠征時にもスペイン国内に二〇万人あまりのフランス軍がくぎ付けされていた。（※第七章）

ナポレオンは数学がとくいで、砲兵出身であったことはすでに述べたが、一般通念を無視した砲兵の運用的奇襲の例がいくつかある。

一七九三年九月、イギリス、スペイン両艦隊の支援をうけた反革命党が防備するツーロン要塞を攻撃したとき、ナポレオンは「陸上砲台の攻撃をやめて、ツーロン港を見下ろすマルグラップ砦を奪取して、大砲を山上に推進して敵艦隊を砲撃すべし」と意見具申して、みずから攻撃部隊指揮官を志願してこれを成功させた。

一八〇六年十月十三日夜、ナポレオンはイエナ西北方のランドグラーフェン高地上に砲兵陣地を推進して、払暁にプロイセン軍を砲撃しようと企図した。常識的にはきわめて困難と思われたが、ナポレオンみずから現場に進出して兵士を直接指導し、ランヌ軍団の兵士を総動員して道路を作り、二五門の大砲をランドグラーフェン高地上にひっぱりあげた。

通信すなわち指揮といわれるが、その通信にも技術的奇襲があった。

第四章でテレグラフ信号通信（腕木通信）——このシステムはトン・ツー方式の電気式信号ではなく機械式手旗信号というべきもの——をとりあげた。この戦地とパリをむすんだ新通信システムは、時速一二〇マイル（約時速二〇〇キロ）という驚異的な速度で暗号化されたメッセージを、信号塔から信号塔へとリレーした。

同章で、テレグラフ活用例として、一八〇九年のラティスボンにおける驚異的勝利を紹介した。ナポレオンは、七〇〇マイル（約一一〇〇キロ）遠隔地の情報を二四時間以内に得て、ただちにパリを出発、一週間後にラティスボンの城壁下でふたつの勝利を獲得した。ラティスボンにおける驚異的な勝利は時空的奇襲といえる。テレグラフ信号通信により敵将の想像を絶するスピードで情報を得て、まさに電光石火のすばやい行動により、ナポレオンは戦場の焦点に進出した。軍神ナポレオンの面目躍如といった場面であるが、敵将カール大公にとっては心理的ショック以外のなにものでもなかったであろう。

アメリカのモールスが実用的な有線電信を完成したのが一八三七年、軍用電信として本格的に使用されたのはクリミヤ戦争（一八五三～一八五六年）以降である。わが国では明治十年（一八七七）の西南戦争において、東京－熊本間で有線電信が本格的に使用された。

今日では、電子技術やIT技術の驚異的な進歩で、宇宙船とリアルタイムで映像による交信が可能である。米陸軍のストライカー旅団のような完全デジタル化部隊は、地球上のどこにいても、端末のスイッチをオンにするとリアルタイムで関連情報がディスプレイに表示される。二〇〇年前、ナポレオンは七〇〇マイル遠方の情報を二四時間以内に得た。

簡明（Simplicity）――シンプル・イズ・ベスト

簡明とはシンプル・イズ・ベスト、すべてを簡単かつ明瞭にせよとの意味である。シンプルとは、むだなもの、本質的でないもの、緊急をようしないものなどを徹底してそぎ落とした結果である。本来の意味は「作戦計画はすべからくシンプルかつフレキシブルであるべし」という意味であるが、兵器のあり方、部隊行動などにも適用される原則である。

第二章でとりあげたグリボーヴァル・システムの採用はこの適用例だ。

マイケル・ハワードが『ヨーロッパ史における戦争』で「砲兵監ジャン＝パティスト・ド

・グリボーヴァルの監督下に、大砲は標準化され、部品は互換性を持たされた。装薬の改良は射程を、照準器の改良は正確性を増大し、また、軽い砲架は動かすのに必要な牽引力を大幅に軽減することによって、いかなる必要な地点にも集中することができるようになり、大砲は戦場の内でも外でもまことに順応性のある兵器になった」と端的に述べているように、グリボーヴァル・システムの採用により、ナポレオンは野砲を戦場で機動的に運用できるようになった。

歩兵、騎兵、砲兵の有機的一体化によりナポレオンの三兵戦術が完成したといえる。軽歩兵の散兵が敵戦列を撹乱させ、砲兵の集中射撃で敵戦列に穴をあけ、主力歩兵が縦隊突撃を敢行して戦場一帯を混乱させ、騎兵がすかさず戦場追撃して勝利を確実にする。グリボーヴァル砲によってこのような戦い方が実現できたのだ。

もう一つの例が、ナポレオンの移動速度の重視だ。

ナポレオン戦争をふり返ってみると、V^2をひたすらに追求した軌跡であることがよくわかる。内戦作戦により最短距離を最速で移動し、決勝点に戦力を集中して、敵野戦軍の撃滅を目指したのがナポレオンの終始一貫した戦い方であった。

軍の戦力は機械学における運動量と同様、質量と速度の相乗積である。ナポレオンは勝利に不可欠なものとして、$M \times V^2$の数式をあげている。Mは軍隊の質と量、Vは移動速度であるが、移動速度Vは二乗の価値があることをナポレオンはよく知っていた。

ナポレオンがひたすら追求した内戦の利、すなわち各個撃破・速戦即決のカギは、V^2すなわち移動速度であった。交戦規模が師団から数個軍団までであれば、V^2が絶大な効果を発揮した。しかしながら、数個軍団をはるかにうわまわる規模の会戦になると、勝敗の決着に数日かかるようになり、この間に敵の集中をゆるし、V^2の効果がうすれてしまう。ナポレオンが勝てなくなったのはこのような背景もあった。

当時の勝敗の決着日数は、師団（八〇〇〇～一万）同士で数時間から半日以内、軍団（三～四個師団）では半日から一日、三～四個軍団で一日から二日が平均であった。このレベルまでの会戦では勝敗はその日かおそくても翌日には決着した。会戦の規模がそれ以上に拡大すると、一正面の決着がつかないうちに敵の増援部隊が到着したり、あるいは他の正面が破れたりするようになり、各個撃破、速戦即決ができなくなった。

将帥ナポレオンが常勝将軍であり得た要因は、第一が$M \times V^2$、第二がスタッフの創設、第三が陣頭指揮である。ナポレオンは床几に腰掛けて指揮するタイプではなく、常に最前線に顔を出して将兵の士気を鼓舞《こぶ》した。これがナポレオンの軍隊の強さであり限界だった。

「まとめ」は拙著『陸自教範「野外令」が教える戦場の方程式』（光人社NF文庫）に掲載した文章を加筆・修正したものである。

あとがき

本稿執筆の主旨は、ナポレオンの軍隊が精強だった秘密をさぐることだったが、先行者の膨大な研究成果を利用しなければ一行といえども書けなかったであろう。執筆にあたって主として参照した図書のいくつかについて、かんたんに説明しておきたい。

もっともお世話になったのが『Napoleon on the art of war』である。本書は、アメリカの著名な軍事史研究家ジェイ・ルバース（Jay Luvaas）が編集、翻訳、著述し、二〇〇一年にタッチストーン（TOUCHSTONE）から出版された。著者のジェイ・ルバースは、中断の時期をふくめておよそ三〇年間にわたって、膨大な『ナポレオン書簡集』を読破して、そのなかから戦争術（art of war）にかんする片言節句を抜粋し、編集し、あたかもナポレオン自身が著述したかのごとく『Napoleon on the art of war』をものにした。

ナポレオン書簡集は、ナポレオン三世の命令により一八五六〜七〇年に編集され、三二分冊、およそ二万三〇〇〇の文書が収められている。ナポレオン自身はまとまった本を著述していないが、膨大な数の書簡、命令、指示、所感などの文書を発出しており、これらが収録されている書簡集は、ナポレオン研究の基本資料となっている。ジェイ・ルバースがフランス語から英語に翻訳したものを筆者が日本語に重訳して、本稿で多数引用（孫引き）させていただいた。紙面を借りてあらためて感謝申し上げる。

ナポレオン戦争の戦役・会戦にかんしては石原莞爾の「欧州古戦史講義」を主として参照した。「欧州古戦史講義」は角田順編『石原莞爾資料　戦争史論』（原書房、昭和四十三年発行）に収録されている。石原莞爾は、大正十一年九月から十三年十月（一九二二～二四）まで軍事研究のためドイツに駐在（大尉）して、ナポレオン戦争史などを研究し、帰朝後、陸軍大学校兵学教官（少佐）として学生に欧州古戦史を講義した。

日本語で読める戦略・戦術レベルのナポレオン戦史としては、「欧州古戦史講義」は第一級といっても過言ではない。陸軍きっての俊秀・鬼才が、可能なかぎりの資料を渉猟《しょうりょう》し、現場を踏破して、陸大にふさわしい高レベルの講義に仕上げたものである。戦役・会戦の経過をなぞるだけではなく、結節において戦略的あるいは戦術的コメントを付し、腑にストンと落ちる内容となっている。ただし、適当な地図がないと内容を理解しづらい。

ということで、地図は米陸軍士官学校（ウエスト・ポイント）の戦史教程『A Military History and Atlas of the Napoleonic Wars』を参考にした。ウエスト・ポイントでは、一八一七年以降、ナポレオンの戦闘（battles）、会戦（campaigns）、および軍事理論（military theories）を士官候補生に教育して今日に至っている。戦史教程は一九六四年版の大型本で、第一次イタリア会戦からワーテルロー会戦までを網羅し、各会戦の経過を叙述した内容に合わせてフルページの地図が一六九枚添付されている。

教程そのものは米陸軍の士官候補生用に編集され、用語や部隊符号は米陸軍のものが使用されており、陸上自衛隊のものと共通するものが大半で、筆者には理解し易かった。通販でアメリカの古書店から購入したが、比較的高額で一般向けとはいえない。とはいえ、ナポレオン戦史を本格的に勉強したい人にはお勧めの一冊である。

ナポレオンの軍事思想とくに戦略・戦術の解説者としてジョミニに何度か登場してもらったが、彼の代表作『戦争術概論』（英語版『The Art of War』）を外すことはできない。一八三八年にパリで公刊された『戦争術概論』（Précis de lárt de la guerre）を、米陸軍士官学校のG・H・メンデル大尉およびW・P・グレイヒル中尉が共同でフランス語から英語に翻訳し、『The Art of War』のタイトルで、一八六二年一月にニューヨークで出版された。筆者が使用したのはドーバー出版社の復刻版（二〇〇七年出版）である。

公使館付武官として米国に駐在した秋山真之はマハン提督（米海軍大学校校長）から直接指導を受けている。秋山はマハンからジョミニの『Art of War』を読めとすすめられ、同書を精読している。『アメリカにおける秋山真之』の著者島田謹二は、秋山が熟読した『The

Art of War』は一八六四年版と断定している。筆者の手元にある復刻版の原書を秋山真之が眼光紙背《がんこうしはい》に徹《てっ》して読んだのかと想像すると、また一種の感慨がある。

蛇足ながら、ナポレオン戦争はヨーロッパ全域におよび、研究資料の人名や地名などはフランス語、ドイツ語、イタリア語など多国の言語が使用されている。筆者は主として英語表記を、また日本語として一般に通用しているものを使用したが、全体としてはかならずしも整合されていないことを申し添えておきます。

最後に、ここに記した以外にも多くの著作、資料などを参照させていただいた。あらためて感謝申し上げる次第です。

主要参考図書＊Jay Luvaas／『NAPOLEON ON THE ART OF WAR』（TOUCHSTONE）＊米陸軍士官学校教程／『A Military History and Atlas of the Napoleonic Wars』＊ANTON-HENRI,BARON DE JOMINI／『THE ART OF WAR』（ROVER）＊James R. Arnold／『MARENGO and HOHENLINDEN』（Pen and Sword MILITARY）＊T. E. CROWDY／『NAPOLEON' S INFANTRY HANDBOOK』（Pen and Sword MILITARY）＊Paddy Griffin／『French Napoleonic Infantry Tactics 1791―1815』（OSPREY）＊René Chartrand／『Napoleon' s Guns 1792―1815』（OSPREY）＊PHILIP HAYTHORNTRWAITE／『Napoleonic Light Cavalry Tactics』（OSPREY）＊PHILIP HAYTHORNTRWAITE／『Napoleonic Heavy Cavalry & Dragoon Tactics』（OSPREY）＊PHILIP HAYTHORNTRWAITE／『Napoleon' s Specialist Troops』（OSPREY）＊William E. Cairnes 編『NAPOLEON' S MILITARY MAXIMS』（Owlfoot Press）＊J.F.C.Fuller／『The Conduct of War 1789-1961』（DA CAPO PRESS）＊角田順編／『石原莞爾資料　戦争史論』（原書房）＊四手井綱正講述／『戦争史概観』（岩波書店）＊陸軍省徴募課編纂『野戦騎兵小隊長必携』＊佐藤徳太郎著／『ジョミニ・戦争概論』（原書房）＊今村伸哉編著／『ジョミニの戦略理論』（芙蓉書房出版）＊マイケル・ハワード著、奥村房夫・奥村大作共訳／『ヨーロッパ史における戦争』（中公文庫）＊マーチン・ファン・クレフェルト著、佐藤佐三郎訳／『補給戦』（中公文庫）＊クラウゼヴィッツ著、篠田英雄訳／『戦争論 上・中・下』（岩波文庫）＊ロジェ・カイヨワ著、秋枝茂夫訳／『戦争論』（法政大学出版局）＊カール・シュミット著、新田邦夫訳／『パルチザンの理論』（ちくま学芸文庫）＊R・A・グロス著、宇田佳正・大山綱雄訳／『ミニットマンの世界』（北海道大学図書刊行会）＊開高健電子全集7／『ベトナム戦争』（小学館 eBooks）＊大高保二郎著／『ゴヤ「戦争と平和」』（トンボの本、新潮社）＊堀田善衛著／『ゴヤⅢ』（朝日文芸文庫）＊フランソワ・ビゴ＝ルション著、瀧川好庸訳／『ナポレオン戦線従軍記』（中公文庫）＊両角良彦著／『東方の夢〈新版〉』（朝日選書）＊両角良彦著／『一八一二年の雪〈新版〉』（朝日選書）＊両角良彦著／『セントヘレナ落日〈新版〉』（朝日選書）＊両角良彦著／『反ナポレオン考〈新版〉』（朝日選書）＊ジェフリー・エリス著、杉本淑彦・中山俊訳／『ナポレオン帝国』（岩波書店）＊アリステア・ホーン著、大久保庸子訳／『ナポレオン時代』（中公新書）＊フリードリヒ・ジーブルク著、金森誠也訳／『ナポレオン大いに語る』（ＰＨＰ）＊オクターヴ・ォブリ著、大塚幸男訳／『ナポレオン言行録』（岩波文庫）＊入江隆則著／『敗者の戦後』（文春学藝ライブラリー）＊大橋武夫著／『図鑑・兵法百科』（マネジメント社）＊大橋武夫解説／陸軍大学校編纂『統帥綱領』（建帛社）＊篠原 宏著／『陸軍創設史』（リブロポート）＊高野長英全集刊行会／『高野長英全集第三巻 兵書』（非売品）＊加藤雅彦著／『ドナウ河紀行』（岩波新書）＊加藤雅彦著／『ライン河』（岩波新書）＊各機関ウェブサイトなどの公開資料＊木元寛明著／『陸自教範「野外令」が教える戦場の方程式』（光人社NF文庫）＊木元寛明著／『自衛官が教える戦国・幕末合戦の正しい見方』（双葉社）＊木元寛明著／『戦術学入門』（光人社NF文庫）＊木元寛明著／『戦術の本質』（サイエンス・アイ新書）＊木元寛明著／『機動の理論』（サイエンス・アイ新書）

NF文庫書き下ろし作品

NF文庫

ナポレオンの軍隊

二〇二〇年三月二十二日　第一刷発行
著　者　木元寛明
発行者　皆川豪志
発行所　株式会社　潮書房光人新社
〒100-8077　東京都千代田区大手町一-七-二
電話／〇三-六二八一-九八九一代
印刷・製本　凸版印刷株式会社
定価はカバーに表示してあります
乱丁・落丁のものはお取りかえ
致します。本文は中性紙を使用

ISBN978-4-7698-3158-7　C0195
http://www.kojinsha.co.jp

刊行のことば

第二次世界大戦の戦火が熄《や》んで五〇年――その間、小社は夥しい数の戦争の記録を渉猟し、発掘し、常に公正なる立場を貫いて書誌とし、大方の絶讃を博して今日に及ぶが、その源は、散華された世代への熱き思い入れであり、同時に、その記録を誌して平和の礎とし、後世に伝えんとするにある。

小社の出版物は、戦記、伝記、文学、エッセイ、写真集、その他、すでに一、〇〇〇点を越え、加えて戦後五〇年になんなんとするを契機として、「光人社NF（ノンフィクション）文庫」を創刊して、読者諸賢の熱烈要望におこたえする次第である。人生のバイブルとして、心弱きときの活性の糧《かて》として、散華の世代からの感動の肉声に、あなたもぜひ、耳を傾けて下さい。

NF文庫

＊潮書房光人新社が贈る勇気と感動を伝える人生のバイブル＊

NF文庫

陸軍人事　その無策が日本を亡国の淵に追いつめた

藤井非三四

年功序列と学歴偏重によるエリート軍人たちの統率。日本が抱えた最大の組織・帝国陸軍の複雑怪奇な「人事」を解明する話題作。

戦場における34の意外な出来事

土井全二郎

日本人の「戦争体験」は、正確に語り継がれているのか——失われつつある戦争の記憶を丹念な取材によって再現する感動の34篇。

陸軍軽爆隊整備兵戦記　飛行第七十五戦隊インドネシアの戦い

辻田　新

陸軍に徴集、昭和十七年の夏にジャワ島に派遣され、その後、チモール、セレベスと転戦し、終戦まで暮らした南方の戦場報告。

戦車対戦車　最強の陸戦兵器の分析とその戦いぶり

三野正洋

第一次世界大戦で出現し、第二次大戦の独ソ戦では攻撃力の頂点に達した戦車——各国戦車の優劣を比較、その能力を徹底分析。

ペリリュー島戦記　珊瑚礁の小島で海兵隊員が見た真実の恐怖

ジェームス・H・ハラス　猿渡青児訳

太平洋戦争中、最も混乱した上陸作戦と評されるペリリュー上陸と、その後の死闘を米軍兵士の目線で描いたノンフィクション。

父、坂井三郎　「大空のサムライ」が娘に遺した生き方

坂井スマート道子

生きるためには「負けない」ことだ——常在戦場をつらぬいた伝説のパイロットが実の娘にさずけた日本人の心とサムライの覚悟。